·高等学校计算机基础教育教材精选·

计算机应用基础实验指导与习题

屈立成 段玲 编著

清华大学出版社
北京

内 容 简 介

本书是与《计算机应用基础》(ISBN 9787302297666)配套的习题与实验指导教材,目的在于辅助读者更好地理解基本理论知识,指导读者完成教学实践环节,完成从理论到实践并最终熟练应用的学习过程。

本书根据教育部高等教育司组织编制的《高等学校文科类专业大学计算机教学基本要求》中关于文、史、哲、法、教类计算机大公共课程"大学计算机应用基础"的具体要求,精选了大纲建议的基本模块进行编写,共分为计算机基础、微机操作系统、计算机网络基础、WPS文字处理、WPS演示和WPS电子表格6章,每章均由实验指导、习题和参考答案三部分组成。

本教材既可与主教材配合使用,也可单独作为高等学校计算机应用基础课程的习题训练和上机指导教材。

本书封面贴有清华大学出版社防伪标签,无标签者不得销售。
版权所有,侵权必究。举报:010-62782989,beiqinquan@tup.tsinghua.edu.cn。

图书在版编目(CIP)数据

计算机应用基础实验指导与习题/屈立成,段玲编著.--北京:清华大学出版社,2012.10(2023.8重印)
高等学校计算机基础教育教材精选
ISBN 978-7-302-30098-4

Ⅰ.①计… Ⅱ.①屈… ②段… Ⅲ.①电子计算机－高等学校－教学参考资料 Ⅳ.①TP3

中国版本图书馆 CIP 数据核字(2012)第 214254 号

责任编辑:焦　虹
封面设计:傅瑞学
责任校对:焦丽丽
责任印制:沈　露

出版发行:清华大学出版社
网　　址:http://www.tup.com.cn,http://www.wqbook.com
地　　址:北京清华大学学研大厦A座　　邮　编:100084
社 总 机:010-83470000　　邮　购:010-62786544
投稿与读者服务:010-62776969,c-service@tup.tsinghua.edu.cn
质量反馈:010-62772015,zhiliang@tup.tsinghua.edu.cn
课件下载:http://www.tup.com.cn,010-62795954

印 装 者:三河市人民印务有限公司
经　　销:全国新华书店
开　　本:185mm×260mm　　印　张:10　　字　数:227千字
版　　次:2012年10月第1版　　印　次:2023年8月第8次印刷
定　　价:36.00元

产品编号:050090-04

出版说明

高等学校计算机基础教育教材精选

在教育部关于高等学校计算机基础教育三层次方案的指导下，我国高等学校的计算机基础教育事业蓬勃发展。经过多年的教学改革与实践，全国很多学校在计算机基础教育这一领域中积累了大量宝贵的经验，取得了许多可喜的成果。

随着科教兴国战略的实施及社会信息化进程的加快，目前我国的高等教育事业正面临着新的发展机遇，但同时也必须面对新的挑战。这些都对高等学校的计算机基础教育提出了更高的要求。为了适应教学改革的需要，进一步推动我国高等学校计算机基础教育事业的发展，我们在全国各高等学校精心挖掘和遴选了一批经过教学实践检验的优秀的教学成果，编辑出版了这套教材。教材的选题范围涵盖了计算机基础教育的三个层次，包括面向各高校开设的计算机必修课、选修课，以及与各类专业相结合的计算机课程。

为了保证出版质量，同时更好地适应教学需求，我们将采取开放的体系和滚动出版的方式(即成熟一本、出版一本，并保持不断更新)，坚持宁缺毋滥的原则，力求反映我国高等学校计算机基础教育的最新成果，使本套丛书无论在技术质量上还是出版质量上均成为真正的"精选"。

清华大学出版社一直致力于计算机教育用书的出版工作，在计算机基础教育领域出版了许多优秀的教材。本套教材的出版将进一步丰富和扩大我社在这一领域的选题范围、层次和深度，以适应高校计算机基础教育课程层次化、多样化的趋势，从而更好地满足各学校由于条件、师资和生源水平、专业领域等的差异而产生的不同需求。我们热切期望全国广大教师能够积极参与到本套丛书的编写工作中来，把自己的教学成果与全国的同行们分享；同时也欢迎广大读者对本套教材提出宝贵意见，以便我们改进工作，为读者提供更好的服务。

我们的电子邮件地址是 jiaoh@tup.tsinghua.edu.cn。联系人：焦虹。

清华大学出版社

前言

随着计算机科学技术、网络技术和多媒体技术的飞速发展，计算机在各个方面的应用日益普及，已成为人们提高工作质量和工作效率的必要工具；特别是 Internet 所提供的服务，正深刻地影响着人们日常的工作、学习、娱乐、交友、出行和购物等各种活动，掌握计算机基本理论知识和应用技能已成为当代社会的基本要求。

本书根据教育部高等教育司组织编制的《高等学校文科类专业大学计算机教学基本要求》中关于文、史、哲、法、教类计算机大公共课程"大学计算机应用基础"的具体要求，精选了大纲建议的计算机基础、多媒体基础、计算机操作系统、计算机网络基础、Internet 基本应用和办公自动化 6 个模块进行编写，每一个模块都力求紧密结合当前发展趋势，特别是办公软件部分采用了国产免费的 WPS Office 软件详细讲解，以培养学生正视版权，使用国产正版软件的版权意识。

本教材是与《计算机应用基础》(ISBN 9787302297666)配套的习题与实验指导教材，目的在于辅助读者更好地理解基本理论知识，指导读者完成教学实践环节，完成从理论到实践并最终熟练应用的学习过程。

本教材从实际出发，以应用为目的，力求概念清楚、层次清晰、内容新颖、结构完整，强调基本理论的学习和扩展应用，注重理论知识与实际应用的紧密结合。教材在编写时充分考虑了文科类学生文案工作的特点并因材施教，对文科类学生比较感兴趣的办公自动化方面着重笔墨予以精讲精练，取得了较好的教学效果。

本教材面向教学过程，内容全面、习题丰富、实践性强，对主教材中没有提及或容易混淆出错的知识与概念利用多种类型的练习题和上机实验指导的方式进行了充分的介绍和补充，并给出了习题的参考答案，适合于读者进行有针对性的练习与检验，可对《计算机应用基础》教材中的教学内容起到巩固和扩展的作用。本教材既可与主教材配合使用，也可单独作为高等学校计算机应用基础课程和习题训练和上机指导教材。

全书共分为 6 章，由屈立成、段玲共同编写完成。其中第 1～3 章由屈立成编写；第 4～6 章由段玲编写。全书由屈立成统稿。

在本书编写过程中，参阅了大量有关书籍和网站，在此对这些书籍和网站作者的辛勤劳动表示衷心感谢。同时感谢长安大学孙朝云、武雅丽教授在百忙之中审阅了本书，并对本书内容提出了宝贵的意见和建议。

由于编者水平有限，书中难免有错误或疏漏之处，敬请广大读者批评指正，我们将深表感谢。

编 者

目录

第一篇 实验指导

第1章 键盘与文字录入实验 ·················· 3
    实验一　键盘功能与分区 ·················· 3
    实验二　键盘指法练习 ·················· 6
    实验三　五笔字型输入法练习 ·················· 10

第2章 计算机操作系统实验 ·················· 16
    实验一　Windows 基本操作 ·················· 16
    实验二　控制面板与个性化设置 ·················· 21
    实验三　文件操作 ·················· 22
    实验四　磁盘操作 ·················· 25
    实验五　系统管理 ·················· 27
    实验六　任务管理 ·················· 29
    实验七　附件应用程序 ·················· 31
    实验八　Windows 输入法 ·················· 32

第3章 计算机网络基础实验 ·················· 35
    实验一　Windows 用户与文件共享 ·················· 35
    实验二　Windows 网络管理 ·················· 40
    实验三　浏览器的使用 ·················· 42
    实验四　电子邮件的接收和发送 ·················· 45
    实验五　信息查询与文件下载 ·················· 47

第4章 文字处理实验 ·················· 50
    实验一　文字处理软件的基本操作 ·················· 50
    实验二　文档编辑 ·················· 51
    实验三　文档格式设置 ·················· 52
    实验四　页面设置 ·················· 55

实验五　表格操作 ·· 55
　　实验六　图片与对象 ·· 58
　　实验七　综合练习 ·· 62

第5章　演示文稿实验
　　实验一　演示文稿的制作 ······································ 66
　　实验二　演示文稿的放映 ······································ 68
　　实验三　演示文稿综合练习 ·································· 69

第6章　电子表格实验
　　实验一　工作表的建立 ·· 72
　　实验二　工作表的编辑和格式化 ·························· 73
　　实验三　公式和函数的应用 ·································· 75
　　实验四　数据图表化 ·· 78
　　实验五　数据管理及页面设置 ······························ 80
　　实验六　WPS表格综合练习 ································ 81

第二篇　习　　题

第1章　计算机基础习题 ·· 87
第2章　操作系统习题 ·· 98
第3章　网络基础习题 ·· 105
第4章　文字处理习题 ·· 116
第5章　演示文稿习题 ·· 132
第6章　电子表格习题 ·· 139
参考文献 ·· 149

第一篇
实验指导

第 1 章 键盘与文字录入实验

实验一 键盘功能与分区

一、实验目的

(1) 熟悉键盘结构。
(2) 熟悉按键的位置。
(3) 熟悉常用键和组合键的使用。

二、实验内容

(1) 键盘布局与分区。
(2) 功能键的使用。
(3) 主键盘的使用。
(4) 编辑键的使用。
(5) 辅助键盘的使用。
(6) 状态指示区的使用。

三、实验指导

1. 键盘布局与分区

按功能和位置划分,键盘可分为五个区:功能键区、主键盘区、编辑键区、状态指示区和辅助键区,如图 1-1 所示。

(1) 功能键区:位于键盘的左上部,其中的 12 个功能键(F1~F12)在不同的软件环境下可以定义不同的功能。

(2) 主键盘区:位于键盘左下部,是标准的打字机键盘,包括数字、字母、符号和一些特殊功能键。

(3) 编辑键区:位于键盘的中间部分,包括键盘输入、编辑控制和一组光标移动键等 10 个键。

(4) 状态指示区:位于键盘右上部,用于指示一些按键的状态。

(5) 辅助键区:位于键盘的右下部,是一个 16 键的小键盘,包括数字键、光标移动键及编辑控制键等。

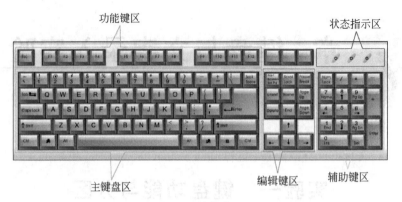

图 1-1　键盘分区

2. 功能键的使用

(1) Esc(取消键)：一般作为退出或取消键，按一次退出当前工作状态回到上一层。

(2) 在键盘上方的 F1～F12 为 12 个功能键，在不同的软件环境支持下，具有不同的功能。通常情况下 F1 键为帮助键，其余按键的功能不固定。

(3) Print Screen(屏幕复制键)：复制当前屏幕显示的全部内容。

(4) Scroll Lock(滚动锁定键)：为高级操作系统保留的空键。

(5) Pause/Break(暂停键)。

3. 主键盘的使用

打字键区包括字符键、控制键和组合键三部分，名区键名及功能如下。

(1) 字符键

字符键包括 26 个英文字母(A～Z)、10 个数字(0～9)和一些符号键。按下某个键时，键面上的字符就显示在屏幕的当前光标位置上。

键面上有上、下两档字符的键称为双字符键，可以使用 Shift 键进行上、下档字符的切换。键盘下方最长的键为空格键，每按一下光标右移一格，产生一个空字符，占用一个字符的位置。

(2) 控制键

① Tab(制表键)：每按一次，光标向右移动一个制表位(制表位长度由软件定义)。

② Caps Lock(字母大小写转换键)：按下时键盘右上角的 Caps Lock 灯亮(默认灯不亮)，其后输入的所有字母均为大写，再按一次 Caps Lock 灯灭，其后输入的所有字母均为小写。

③ Shift(上档键)：用于对双字符键进行上下档的切换以及对英文字母大小写的转换。例如，单独按下 3 键时，屏幕显示 3；同时按住 Shift 和 3 键，屏幕显示符号"♯"。单独按下 A 键时，屏幕显示小写字母 a；同时按住 Shift 和 A 键，屏幕显示大写字母 A。

④ Backspace(退格键)：删除光标前边的一个字符。

⑤ Enter(回车键)：表示命令输入结束并开始执行，也是一行文字输入结束的换行标志。

⑥ Space(空格键)：输入一个空格。

(3) 组合键

键盘上的 Ctrl、Alt 和 Shift 三个键常与其他键一起组合使用，产生特殊的控制功能。常用＋号表示同时按下两个或三个键，操作时排在前面的键稍优先按下，其后的键随即按下后同时松开。

① Ctrl＋Alt＋Del(热启动键)：当系统死锁时，在不关闭电源的情况下，同时按下该组合键可关闭应用程序或重新启动操作系统。

② Ctrl＋空格：切换中英文输入法。

③ Ctrl＋Shift：滚动切换输入法。

4. 编辑键的使用

(1) Insert 键：插入/改写的转换键。按一下进入插入状态，输入的字符出现在插入光标所在位置，其后的字符右移；再按一下，进入改写状态，输入的字符替换光标所在位置的字符。一般默认为插入状态。

(2) Delete 键：删除光标后边的一个字符，其后的字符左移。

(3) Home 键：将使光标移到屏幕的左上角或本行首字符。

(4) End 键：将光标移到本行最后一个字符的右侧。

(5) PgUp 键：光标上移一屏。

(6) PgDn 键：光标下移一屏。

(7) ↑键：光标上移一行。

(8) ↓键：光标下移一行。

(9) ←键：光标左移一个字符位。如果光标超出屏幕的左边界，则光标跳到上一行末位置。

(10) →键：光标右移一个字符位。如果光标超出屏幕的右边界，则光标跳到下一行首位置。

5. 辅助键盘的使用

辅助键盘又称数字小键盘，共有两种用途：一种是数字输入功能，通过小键盘输入数字时，可以提高速度和准确性；另一种是编辑功能，在全屏幕编辑时可上、下、左、右移动光标。两种功能的切换用小键盘左上角的 Num Lock 键实现。

Num Lock 是数字锁定键。按一次指示灯亮(默认灯亮)，表示选择数字输入功能，小键盘区为数字键有效；再按一次指示灯灭，表示选择编辑功能，小键盘的双字符键下档字符值有效，即光标移动键、INS、DEL、HOME、END、PGDN、PGDP 等。

6. 状态指示区

状态指示区有三个指示灯，用于指示三个按键的当前状态。

(1) Caps Lock 指示灯：指示大小写锁定键的当前状态。灯亮为大写状态，灯灭为小写状态。

(2) Scroll Lock 指示灯：指示滚动锁定键的当前状态。灯亮为允许滚动状态，灯灭为不允许滚动状态。

(3) Num Lock 指示灯：指示数字小键盘锁定键的当前状态。灯亮为数字输入状态，灯灭为编辑输入状态。

实验二　键盘指法练习

一、实验目的

（1）培养正确的键盘操作姿势。
（2）练习正确的键盘指法。

二、实验内容

（1）键盘操作姿势。
（2）键盘键位与指法。
（3）打字要领。
（4）键盘指法与打字练习。

三、实验指导

1. 键盘操作姿势

使用键盘录入文字，是学习和应用计算机最基本的技能，必须掌握正确的打字方法，才能保证准确而快速的输入各种文字信息。打字时，保持正确的打字姿势，才能提高工作效率而不会感到疲劳，这对于初学者尤为重要。打字时应注意以下姿势。

（1）选择适当的桌椅，依照个人身体情况调整桌椅高度，以舒适为宜。
（2）上身挺直，肩膀放平，肌肉放松，两脚平放地上，切勿交叉单脚着地。
（3）手腕及肘部成一条直线，手指弯曲自然，轻放于基本键上，手臂不要张开。
（4）将屏幕调整到适当位置，眼睛平视屏幕，不要经常移动视线查看键盘。

2. 键盘键位与指法

文字输入基本是在键盘的主键盘区进行的。目前微型计算机使用的键盘种类很多，但在主键盘区的 26 个字母键、10 个数字键及各种符号键的排列位置都是相同的，因为主键盘区键位的手指分工与英文打字机键盘基本一样。

（1）基本键位

打字操作时，右手管理键盘的右半部分，左手管理键盘的左半部分。键盘的打字键区分为 4 排（空格键行除外），其中 26 个英文字母中比较常用的 7 个字母与";"号键排成一排，作为 8 个基准键（又称定位键），如图 1-2 所示。

击键时，以基准键为参考点，每个手指负责上下 4 排 4 个键位，实行分工击键。准备打字时，除拇指外其余的 8 个手指分别放在基本键上，拇指放在空格键上，10 指分工，包键到指，分工明确。

图 1-2 基本键位

(2) 主键盘键位指法分工

每个手指除了指定的基本键外,还分工其他字键,称为范围键,如图 1-3 所示。

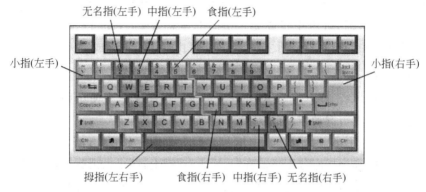

图 1-3 主键盘键位指法分工

主键盘各键的指法分工如表 1-1 所示。

表 1-1 主键盘指法分工

左 手					右 手			
小指	无名指	中指	食指		食指	中指	无名指	小指
1	2	3	4	5	6	7	8	9	0
Q	W	E	R	T	Y	U	I	O	P
A	S	D	F	G	H	J	K	L	;
Z	X	C	V	B	N	M	,	.	/

除指法分工指定的键位外,主键盘左、右两边各有一些没有指定的键位,击键时,原则上左边的键由左手小指负责,右边的键由右手小指负责。

(3) 数字小键盘操作指法

位于键盘右侧的数字小键盘一般用右手操作。纯数字输入或编辑时,右手食指、中指、无名指应分别放在 4、5、6 键上,即把这三键作为三个手指的基准键,而小指置于＋号键的位置。各手指指法分工如表 1-2 所示,数字 0 可由食指兼管,小数点可由无名指兼管。小键盘下档的编辑字符,也由该数字键同一手指操作。

表 1-2　数字小键盘指法分工

食指	中指	无名指	小指
Num Lock	/	*	—
7	8	9	+
4	5	6	
1	2	3	Enter
0		.	

输入*号和/号时,可由中指或无名指向上伸展兼管,Num Lock 键可由食指兼管。在计算或编辑时,如果要同时使用主键盘的键,可由左手协助完成。

3. 打字要领

作为基准键的 A、S、D、F 和 J、K、L 等字母键在英文文章中使用频率最高,熟练掌握这些键的键位位置及击键动作,有助于进一步熟练使用其他键。

开始打字前,左手小指、无名指、中指和食指应分别虚放在"A、S、D、F"键上,右手的食指、中指、无名指和小指应分别虚放在"J、K、L、;"键上,两个大拇指则虚放在空格键上。这 8 个键是打字时手指所处的基准位置,击打其他任何键,手指都是从这里出发,而且打完后又应立即退回到对应基本键位。打字时,应注意以下问题。

(1) 一定把手指按照分工放在正确的键位上。基准键的 F、J 两个键上都有一个小凸起,以便于盲打时手指能通过触觉定位。

(2) 使用键盘时应注意正确的按键方法。在按键时,抬起伸出要按键的手指,在键上快速击打一下,不要用力太猛,更不要按住一个键不放。

(3) 要严格按规范运指,既然各个手指已分工明确,就得各司其职,不要越权代劳。用最近最方便的手指敲击各键,一旦敲错了键,或是用错了手指,一定要用右手小指击打退格键,重新输入正确的字符。

(4) 有意识慢慢地记忆键盘各个字符的位置,体会不同键位上的字键被敲击时手指的感觉。击键时眼睛尽量不看键盘,特别是不能边看键盘边打字,应熟记键位并逐步养成不看键盘的输入习惯。

(5) 进行打字练习时必须集中注意力,做到手、脑、眼协调一致,尽量避免边看原稿边看键盘,这样容易分散记忆力。

(6) 初级阶段的练习即使速度慢,也一定要保证输入的准确性。

4. 键盘指法与打字练习

键盘输入应严格按照键位指法及打字要领循序渐进地进行练习。对于初学者来说,通过辅助学习软件进行打字练习,是一种快捷而有效的方法。

常用的学习软件有金山打字通、全能打字教室等。其中,金山打字通辅助练习软件的窗口如图 1-4 所示。

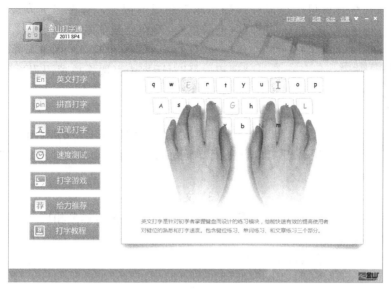

图 1-4　金山打字通软件窗口

在金山打字通软件窗口左侧选择菜单目录进行相应练习,从指法入门到输入法练习逐步进行,当熟练以后可进入综合练习并不断强化提高。在综合练习完成后可以对录入速度及正确率进行测试,一般打字练习软件都有此功能。

(1)键位练习

在金山打字通软件窗口左侧选择英文练习,进入英文练习窗口,可进行键盘键位练习窗口,如图 1-5 所示。

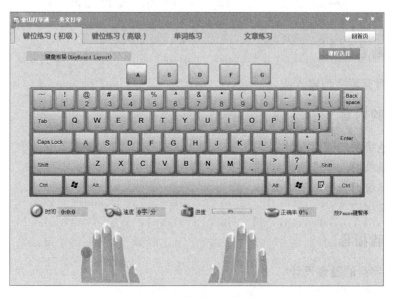

图 1-5　键位练习窗口

第 1 章　键盘与文字录入实验

在键盘键位练习窗口中按照屏幕提示敲击相应的键位。在窗口下方显示练习的时间、击键速度、击键正确率和任务进度。在窗口左上角单击"课程选择"按钮打开"课程选择"对话框,在"课程选择"对话框中可选择单项课程进行重点练习,如图1-6所示。

图1-6 "课程选择"对话框

(2) 单词练习

在完成了键盘键位练习以后,单击单词练习选项卡进行单词练习,可通过课程选择按钮选择相应的练习课程。

(3) 文章练习

单击文章练习选项卡进行文章练习,可通过课程选择按钮选择相应的练习课程。

(4) 自由打字练习

打开记事本,练习输入以下字母:

> Six dog are running after a fox. Do you known how many eggs in the basket? This bear is very strong. This women is my mother. Is this your umbrella? Here's your umbrella. What's your job? I am a keyboard operator. These ice creams are nice. At night the children always do their homework, then they go to bed. Do you master it?

实验三　五笔字型输入法练习

一、实验目的

熟练掌握五笔字型输入法。

二、实验内容

(1) 五笔字型的键盘设计。
(2) 字根练习。
(3) 单字练习。
(4) 词组练习。

三、实验指导

1. 五笔字型的键盘设计

在五笔字型编码方案中,只使用了26个英文字母键,除了字母z作为学习键外,其余25个字母都作为基本编码键使用。按照五笔字型对汉字笔画的分类,将键盘上的所使用的25个字母键分成了5个区:

1 区——横区，2 区——竖区，3 区——撇区，4 区——捺区，5 区——折区。

每个区又分为 1、2、3、4、5 五个“位”，区和位对应的编号就称为“区位号”。区位号用代码 11、12、13、14、15、21、22……51、52、53、54、55 表示，如图 1-7 所示。其中字母键上的汉字称为键名，是代表这个按键的较为常用的汉字，又是组字频率较高的字根，在五笔字型编码中统一使用键名来标识按键。键名字根下面的数字表示这个按键的区位号。

第3区（撇起笔）←					第4区（点起笔）→				
金 35Q	人 34W	月 33E	白 32R	禾 31T	言 41Y	立 42U	水 43I	火 44O	之 45P
第1区（横起笔）←					第2区（竖起笔）→				
工 15A	木 14S	大 13D	土 12F	王 11G	目 21H	日 22J	口 23K	田 24L	: ;
第5区（折起笔）←									
Z	纟 55X	又 54C	女 53V	子 52B	已 51N	山 25M	< ,	> .	? /

图 1-7　五笔字型键盘分区

五笔字型的基本字根有 130 多种，加上一些基本字根的变型，共有 200 个左右。根据字根第一笔的类型将所有字根分成 5 部分，根据字根第二笔的类型再将这些字根分别对应到每一个区的各个位上，图 1-8 就是五笔字型的键盘字根分布。

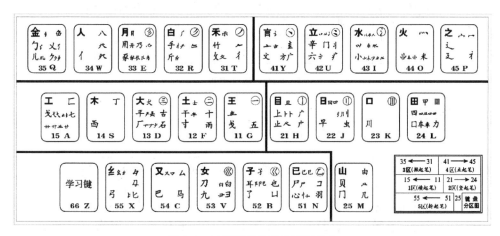

图 1-8　五笔字型的键盘字根分布

2. 五笔字型字根练习

使用金山打字通软件分别练习和掌握五笔字型各个分区的字根及其按键位置。

(1) 横区字根

横区字根的键盘分布与助记口诀如图 1-9 所示。

(2) 竖区字根

竖区字根的键盘分布与助记口诀如图 1-10 所示。

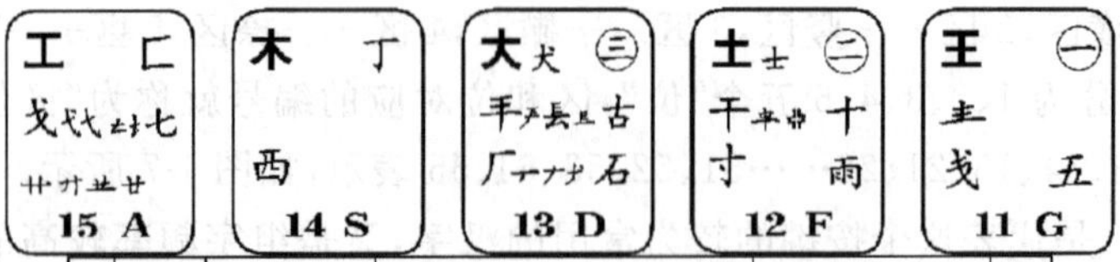

分区	区位	键位	识别码	标识字根	键名↓	字根	助记词	高频字
一区横起笔	11	G	㊀	一 ㇀	王	龶 戋 五 一	王旁青头戋五一	一
	12	F	㊁	二	土	士 干 十 寸 雨	土士二干十寸雨	地
	13	D	㊂	三	大	犬 三 古 石 厂	大犬三羊古石厂	在
	14	S			木	丁 西	木丁西在一四里	要
	15	A			工	戈 廾 廿 匚 七	工戈草头右框七	工

注：1. 助记词中，11.G键上的“戋”读“兼”，13.D键上“羊”指“芈”。

图 1-9 横区字根

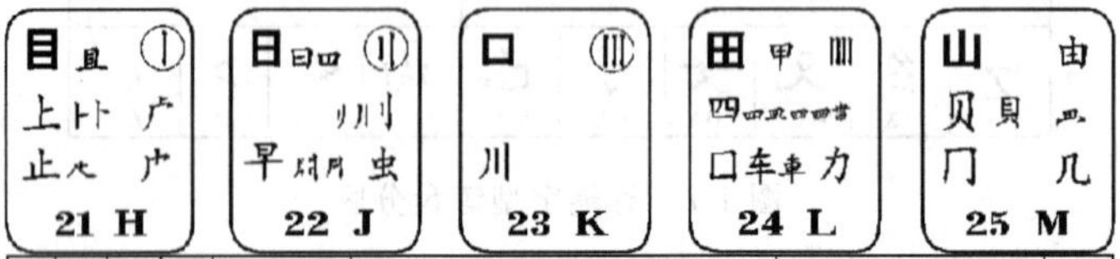

分区	区位	键位	识别码	标识字根	键名↓	字根	助记词	高频字
二区竖起笔	21	H	①	丨	目	止 且 上 卜 ⺊ 广	目止具头卜虎皮	上
	22	J	②	刂 川	日	早 曰 四 刂 川 虫	日早两竖与虫依	是
	23	K	③	川	口	川	口中一川三个竖	中
	24	L		罒	田	甲 囗 四 车 力	田甲方框四车力	国
	25	M			山	由 贝 冂 几	山由贝骨下框几	同

图 1-10 竖区字根

(3) 撇区字根

撇区字根的键盘分布与助记口诀如图 1-11 所示。

分区	区位	键位	识别码	标识字根	键名↓	字根	助记词	高频字
三区撇起笔	31	T	㋒	丿	和	禾 竹 攵 夂 彳	禾竹反文双人立	和
	32	R	㋓	斤 手 扌	白	斤 手 扌	白斤气头手边提	的
	33	E	㋔	彡	月	月 乃 用 豕	月乃用舟家衣下	有
	34	W			人	亻 八	人八登祭把头取	人
	35	Q			金	钅 夕 乂 儿 勹 鱼	金夕乂儿包头鱼	我

注：1. 助记词中，35.Q键上的“乂”读“叉”

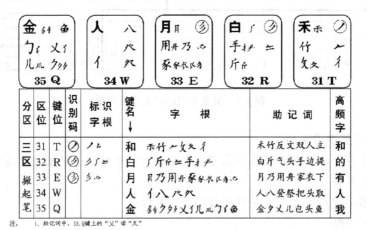

图 1-11 撇区字根

(4) 点区字根

点区字根的键盘分布与助记口诀如图 1-12 所示。

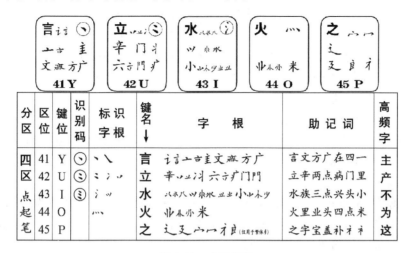

图 1-12　点区字根

(5) 折区字根

折区字根的键盘分布与助记口诀如图 1-13 所示。

注：1. 助记词中，53.V键上的"臼"读"旧"，54.C键上的"私"指"厶"，55.X键上的"幺"读"腰"、"幼"读"互腰"。

图 1-13　折区字根

3. 五笔字型单字练习

使用金山打字通软件分别练习和掌握五笔字型各个分区的一级简码、二级简码、常用字和难拆字。

(1) 汉字编码规则

掌握汉字的编码规则，熟悉每个汉字的编码是五笔字型输入的基础，五笔字型单字编码规则如下：

五笔字型均直观,依照笔顺把码编;
键名汉字打四下,基本字根请照搬;
一二三末取四码,顺序拆分大优先;
不足四码要注意,交叉识别补后边。

五笔字型编码规则同时也概括了五笔字型拆字取码的五项原则:
① 按照书写顺序拆分编码,即从左到右、从上到下、从外到内。
② 以130多个字根为基本单位。
③ 单体结构拆分取大优先。
④ 对于字根数超过四个的汉字,按一二三末字根的顺序,最多只取四码。
⑤ 对于字根数不超过四个的汉字,使用末笔与字型交叉进行识别。

(2) 一级简码

五笔字型中,根据每个字母键上的字根形态特征,每键安排一个最为常用的高频汉字。这类字共25个,它们的编码只有一位,输入时只要击键一次再加一次空格键即可。这些高频字及其一级简码如图1-14所示。

图1-14 一级简码

(3) 二级简码

二级简码是指编码时取单字全码的前两个字根代码。25个键位代码,其两码组合共计有25×25=625个编码。也就是说,用两位码可以给625个汉字编码。五笔字型选取使用频率较高的600多个汉字与其对应,这些编码就成为这些汉字的简码。

4. 五笔字型词组练习

使用金山打字通软件分别练习和掌握五笔字型两字、三字、四字以及多字词组。

词汇编码输入可以有效降低重码率并显著缩短码长,从而大大提高输入速度和效率。在五笔字型输入方法中增强了词汇输入的功能,并给出开放式结构,以利于用户根据自己的专业需要自行组织词库。

(1) 二字词的编码

二字词在汉语词汇中占有相当大的比重。二字词的编码由所含的两个汉字各取前两个字根码组成,即每个汉字按书写顺序取前两个字根来进行编码。例如:

机器:木 几 口 口
计算:言 十 竹 目
数量:米 女 日 一

(2) 三字词的编码

三字词的编码与二字词的编码类似,只不过它的编码是由前两个汉字的第一个字根码和后一个汉字的前两个字根码构成。例如:

计算机:言 竹 木 几

工艺品:工 艹 口 口

(3) 四字词的编码

四字词的编码是由每个汉字的前一字根码组成,共四码。例如:

巧夺天工:工 大 一 工

原原本本:厂 厂 木 木

(4) 多字词的编码

多字词是指构成词的单个汉字数超四个。多个词的编码按"一、二、三、末"的规则,即分别取第一、第二、第三及最末一个汉字的第一个字根码来构成编码。例如:

中华人民共和国:口 亻 人 囗

香港特别行政区:禾 氵 丿 匚

第 2 章 计算机操作系统实验

实验一 Windows 基本操作

一、实验目的

(1) 掌握鼠标和键盘的基本操作。
(2) 掌握菜单的构成与基本操作。
(3) 掌握桌面、"开始"菜单和任务栏的设置与操作。
(4) 掌握窗口的构成与基本操作。
(5) 掌握对话框的构成与操作。

二、实验内容

(1) 鼠标的基本操作。
(2) 键盘的基本操作。
(3) 菜单的构成与操作。
(4) 桌面及其设置。
(5) 桌面图标(快捷方式)的操作。
(6) "开始"菜单和任务栏的设置与操作。
(7) 窗口的构成与基本操作。
(8) 对话框的构成与操作。

三、实验指导

1. 鼠标的使用

(1) 熟悉鼠标指针的各种形状,如默认鼠标指针形状,如表 2-1 所示。

表 2-1 默认鼠标指针形状

指针形状	指针含义	指针形状	指针含义
▷	正常选择	⌛	忙
▷?	帮助选择	+	精确定位
▷⌛	后台运行	I	选定文本

指针形状	指针含义	指针形状	指针含义
✎	手写	↘↗	沿对角线调整
⊘	不可用	✣	移动
↕	垂直调整	↑	候选
↔	水平调整	☝	链接选择

（2）熟悉鼠标的基本操作，如表 2-2 所示。

表 2-2　鼠标基本操作

鼠 标 操 作	操 作 说 明
移动	移动鼠标指针位置
指向	将鼠标光标放置于某一位置或对象上
单击	单击鼠标左键，主要用于选择某个对象
双击	快速连续按动两次鼠标左键，主要用来执行某个任务
右击	单击鼠标右键，常用来弹出快捷菜单
拖动	按住鼠标左键同时移动位置，常用来移动指定对象
滚动	前后滚动鼠标滚轮，常用来滚动显示窗口内容

（3）选定桌面上"我的电脑"图标（单击）。

（4）打开"我的电脑"窗口（双击）。

（5）用鼠标对打开的窗口进行移动操作（拖动）。

（6）用多种方法关闭"我的电脑"窗口。

（7）完成查看"我的电脑"属性操作（右击）。

（8）打开资源管理器，使用中间滚轮进行滚动操作。

2．键盘的使用

（1）熟悉键盘各个按键的位置。

（2）熟悉各个功能键的使用。

（3）熟悉快捷键的功能与使用，如表 2-3 所示。

3．菜单的操作

（1）分别打开"我的电脑"、"回收站"和"资源管理器"窗口，观察窗口中的菜单构成。

（2）用鼠标单击窗口控制菜单，观察打开的下拉菜单（鼠标打开菜单）。

（3）用鼠标单击"文件"菜单，观察打开的下拉菜单（鼠标打开菜单）。

（4）按住 Alt 键的同时按下"文件"菜单的快捷键 F 键（键盘打开菜单）。

（5）打开"文件"菜单后，按下键盘上的 W 键（执行某个命令的方法）。

表 2-3　键盘快捷键操作

快捷键	按键说明	快捷键	按键说明
Alt+Print	截取当前窗口图像到剪贴板	Print	截取屏幕图像到剪贴板
Alt+Esc	在打开的窗口之间切换	Ctrl+Esc	打开/关闭"开始"菜单
Alt+Tab	选择打开的窗口进行切换	Ctrl+Tab	在选项卡/标签页之间切换
Alt+空格	打开窗口控制菜单	Ctrl+空格	切换中英文输入法
Alt+F4	关闭当前窗口	Ctrl+Shift	滚动切换输入法
Tab	制表或在窗口元素之间切换	Ctrl+.	中英文符号切换
F1	启动帮助	Shift+空格	全角与半角切换

(6) 熟悉菜单中各个符号的意义,如表 2-4 所示。

表 2-4　菜单符号的含义

菜单符号	含义
菜单的两种颜色	黑色表示可以操作(可用),灰色表示不能操作(禁用)
菜单标题后的字母	打开相对应的下拉菜单,快捷键是 Alt+字母
分组线	将同一种类型的命令用线条分开
命令前对勾	复选项,同一组选项中可以同时选择多个,有对勾表示该选项被选中
命令前圆点	单选项,同一组选项中只能选择一个,有圆点表示该选项被选中
命令后的省略号	执行该命令后,将有对话框出现
命令后的字母	命令热键,打开菜单时输入命令后的字母可执行该命令
命令快捷键	不需要打开菜单直接通过键盘输入快捷键执行命令,一般是 Ctrl+字母

4. 桌面设置与操作

(1) 观察桌面的构成:图标、开始菜单、任务栏。

(2) 将当前 Windows XP 的主题设置为 Windows XP"经典"主题。

- 在桌面的空白处单击右键选择"属性",或者在"控制面板"中打开"显示属性"对话框;
- 在"显示属性"对话框中设置 Windows XP 的主题;
- 按"确定"或"应用"完成设置。

(3) 将当前"桌面"背景设置为"HOME"墙纸,并将"屏幕保护程序"设置为"飞跃星空",等待时间 3 分钟。

(4) 通过"外观"设置将窗口和按钮的样式设置为"Windows XP 经典"。

5．图标的操作

（1）将桌面图标按名称自动排列。

（2）将桌面图标按大小自动排列。

（3）将桌面"回收站"图标移动到右下角（先将"自动排列"前的√去掉）然后对齐图标。

（4）将桌面图标设置为单击启动方式，再重新设置为双击启动方式。

- 在 Windows XP 窗口中的"工具"菜单下选择"文件夹选项"命令；
- 在"文件夹选项"对话框中选择有关设置；
- 单击"确定"或"应用"按钮。

（5）在桌面同时选定"我的电脑"、"回收站"和"我的文档"图标。

（6）打开"回收站"窗口。

（7）在桌面上创建"画图"的快捷方式。

- 在"资源管理器"中找到该应用程序；
- 在被找到的程序上单击右键选择"发送"；
- 在右键菜单中选择"桌面快捷方式"。

注意：还有其他方法。

（8）删除桌面上的"画图"快捷方式图标。

6．任务栏的操作

（1）利用鼠标完成将"任务栏"移动到桌面的左、右和上方，并更改其大小的操作。

- 用鼠标的左键按住任务栏的空白处拖动；
- 将鼠标指针放到任务栏的边线上，当鼠标指针变成双箭头后按住鼠标左键拖动。

（2）在"任务栏"的属性设置中，设置"锁定任务栏"、"自动隐藏任务栏"、"显示时钟"、"分组相似任务栏按钮"选项并观察结果。

- 在任务栏的空白处单击右键选择"属性"；
- 在"控制面板"窗口中选择任务栏和"开始"。

7．"开始"菜单的操作

（1）打开"开始"菜单的快捷菜单并查看其属性。

（2）通过"开始"菜单打开控制面板将桌面背景设置为"autumn"风格。

（3）通过"开始"菜单打开"所有程序"中的"附件"，启动"画图"程序。

（4）通过在"开始"菜单中选择"运行"命令，启动"记事本"程序。

- 打开"开始"菜单选择"运行"；
- 在"运行"对话框中输入应用程序"记事本"的路径和文件名"Notepad.exe"（也可利用"浏览"按钮）；
- 单击"确定"按钮。

（5）通过"开始"菜单中的"搜索"命令启动"WPS 文字"程序。

- 打开"开始"菜单选择"搜索"；
- 在搜索对话框中输入"WPS 文字"；

- 在"WPS 文字"图标上双击。

(6) 把"附件"下的"写字板"软件添加到开始菜单的顶部。

(7) 将"扫雷"程序添加到"开始"菜单中的"所有程序"中。
- 在"附件"中选定"扫雷"图标;
- 并按住左键拖动到"开始"菜单上稍等片刻,"开始"菜单会自动打开;
- 拖动到所需要的地方,松开左键即可。

注意: 还有其他方法添加程序,也可以删除程序。

8. 窗口的操作

打开"我的电脑"窗口,了解窗口的几个组成部分。

(1) 在"我的电脑"窗口的标题栏上按住左键拖动,移动窗口。

(2) 在"我的电脑"窗口的边框线上按住左键拖动,改变窗口大小。

(3) 通过"我的电脑"窗口的标题栏中左端的几个按钮练习窗口的最大化、最小化、还原、关闭窗口等操作。

(4) 在"我的电脑"窗口中打开"查看"菜单,设置"工具栏"、"状态栏"、"浏览器栏"的显示与隐藏。

(5) 打开"回收站"和"我的文档"窗口,在任务栏的空白处单击右键打开快捷菜单,并完成以上三个窗口的"窗口的层叠"、"纵向平铺"、"横行平铺"的操作。

(6) 使用鼠标、快捷键或任务栏完成以上三个窗口的切换操作。

(7) 在"我的电脑"窗口中,将 C 盘窗口设置成大图标显示形式,D 盘窗口设置成列表显示形式。
- 在窗口的空白处单击右键,选择"查看";
- 在"查看"的右拉菜单中设置显示内容的形式(还有其他方法)。

(8) 打开"资源管理器"窗口,在 Windows 文件夹下,分别完成连续 15 个对象的选定操作、5 个扩展名为.exe 对象(或 5 个图标相同的对象)的选定操作。

(9) 打开"资源管理器"窗口,在 Windows 文件夹下,分别完成所有对象的选定操作、除两个对象外其他所有对象的选定操作(反向选择)。

9. 对话框的操作

打开"我的电脑"中的"工具"菜单,选择"文件夹选项",打开一个对话框,观察对话框的组成。

(1) 将窗口显示内容设置为不显示隐藏文件和文件夹。
- 在"工具"菜单下选择"文件夹选项"命令;
- 在出现的"文件夹选项"对话框中选择"查看";
- 在"高级设置"处,选择"不显示隐藏文件和文件夹";
- 按"确定"按钮。

(2) 在"文件夹选项"对话框上显示"还原为默认值"的帮助信息。
- 在"文件夹选项"对话框的标题栏上,单击"?";
- 在"还原为默认值"处单击左键,出现一个帮助文本框。

实验二　控制面板与个性化设置

一、实验目的

(1) 掌握控制面板的操作方法。
(2) 掌握个性化设置的操作方法。

二、实验内容

(1) 控制面板的操作。
(2) 键盘设置。
(3) 鼠标设置。
(4) 桌面属性设置。
(5) 开始菜单设置。
(6) 日期和时间设置。
(7) 查看计算机属性。

三、实验指导

1. 控制面板的操作

(1) 打开控制面板。
- 在"开始"菜单中，打开"控制面板"；
- 在"我的电脑"中，打开"控制面板"；
- 在"资源管理器"的左窗格中，打开"控制面板"。

(2) 对"控制面板"的两种显示方式"分类视图"和"经典视图"进行切换。
(3) 打开控制面板中的控制图标，查看其中的内容。

2. 键盘设置

通过"键盘属性"对话框设置键盘属性参数。打开"控制面板"，在"控制面板"窗口中的"键盘"图标上双击左键或单击右键选择"打开"，在出现的对话框中进行有关设置，按"确定"或"应用"完成设置。

(1) 设置字符重复的延迟时间。
(2) 设置光标闪烁速度。

3. 鼠标设置

通过"鼠标属性"对话框设置鼠标属性参数。打开"控制面板"，在"控制面板"窗口中的"鼠标"图标上双击左键或单击右键选择"打开"，在出现的对话框中进行有关设置，按"确定"或"应用"完成设置。

(1) 设置左右手习惯。
(2) 设置双击速度。

(3) 设置指针的形状。
(4) 设置指针移动的速度和指针移动的踪迹。
(5) 设置浏览按钮的速度。(针对有浏览按钮的鼠标)

4. 桌面属性设置

为桌面设置属性,将桌面背景图片设置为 Purple flower,以"平铺"方式显示。屏幕保护程序设置为"三维文字",内容为"同学们好!",等待时间为 2 分钟。
(1) 在"开始"菜单中选择"控制面板"。
(2) 在"控制面板"窗口中双击"显示"图标。
(3) 在对话框中完成上述设置。

5. "开始"菜单属性设置

设置"开始菜单"的属性,在控制面板中选择"任务栏和开始菜单"打开开始菜单自定义对话框,并可以进行如下内容的设置。
(1) 设置程序图标的大小。
(2) 常用程序快捷方式的个数目。
(3) 清除常用程序快捷方式列表。
(4) 显示最近使用的文档。
(5) 清除最近使用的文档列表。
(6) 鼠标悬停在菜单项上时打开子菜单。
(7) 在开始菜单上显示帮助和支持。
(8) 在开始菜单上显示控制面板。
(9) 在开始菜单上显示打印机和传真。

6. 日期、时间设置

将系统日期设置为 2008 年 8 月 8 日,时间设置为晚上 20 点 08 分,然后再将系统日期和时间设置为当前日期和时间。

7. 查看计算机属性

查看当前使用的计算机的系统参数、版本注册和内存大小。
(1) 在"控制面板"窗口中双击"系统"图标。
(2) 在打开"系统属性"对话框中观测上述内容。

实验三 文 件 操 作

一、实验目的

(1) 掌握资源管理器的操作。
(2) 掌握文件和文件夹的各种操作。
(3) 掌握搜索文件夹和文件的方法。

二、实验内容

（1）启动资源管理器窗口。
（2）资源管理器的操作。
（3）文件对象的选择。
（4）建立文件和文件夹。
（5）删除文件和文件夹。
（6）回收站的操作。
（7）文件的重命名、复制和移动操作。
（8）搜索一个文件或文件夹。
（9）搜索多个文件或文件夹。

三、实验指导

1. 启动资源管理器窗口

（1）打开"开始"菜单选择"所有程序/附件/Windows 资源管理器"。
（2）在"开始"菜单上单击右键，选择"资源管理器"。
（3）在"我的电脑"窗口中选定 D 盘后，单击右键或打开"文件"菜单，选择"资源管理器"。

注意：打开"资源管理器"窗口的方法不同，其窗口显示的内容可能不同。

2. 资源管理器的操作

（1）在"资源管理器"窗口中，打开"查看"菜单，选择"工具栏"，设置窗口中的工具按钮。
（2）在"资源管理器"窗口中设置右窗格显示内容的形式。
- 在右窗格的空白处单击右键，选择"查看"；
- 选择"图标"或在工具栏中单击"查看"按钮。

（3）在左窗格中展开 C 盘和 D 盘，浏览其内容，在"-"号上单击左键，观察变化。
（4）显示 C 盘上 Program File 文件夹下的所有文件夹和文件。
在左窗格中的 Program File 前的文件夹图标上单击左键，观察右窗格内容。

3. 文件对象的选择

在资源管理器窗口中打开 D 盘，在右窗格中选定对象：
- 单击一个对象（选择一个）；
- 用鼠标按住左键拖动，画一个框，在框中的对象都选中（选择连续多个）；
- 按住 Ctrl 键逐个单击左键（选择不连续的多个）；
- 按 Ctrl＋A 键（全选）。

4. 建立文件和文件夹

（1）在桌面上创建一个文件夹，并以自己的名字命名。
- 在桌面上单击右键打开快捷菜单选择"新建"命令；

- 选择文件夹,然后在出现新文件夹名字处输入名字。

(2) 在桌面上创建一个文本文件,名字为"课文"。
- 在桌面上单击右键打开快捷菜单选择"新建"命令;
- 选择文本文档,然后在出现新文档的名字处输入名字为"课文"。

(3) 在 D 盘上创建一个文件夹,并命名为自己的学号。
- 在 D 盘窗口的空白处单击右键,选择"新建";
- 选择"文件夹",并命名为自己的学号。

(4) 在学号文件夹下建立一个文本文档,名字为"简历"。
- 在 D 盘学号文件夹上双击左键;
- 在打开的文件夹中再单击右键选择"新建"命令;
- 选择"文本文档",输入文件名"简历"并回车;
- 双击刚建立的文本文件,打开记事本窗口,输入文档内容。

(5) 在学号文件夹下建立一个 WPS 文字文档,名字为"简历",并输入文档内容。

5. 删除文件或文件夹

(1) 删除桌面上以自己名字命名的文件夹。
在该文件夹上单击右键,选择删除命令。
(2) 删除学号文件夹下的 WPS 文字文档。
- 打开学号文件夹;
- 在 WPS 文字文档"简历"上单击右键,选择"删除"命令(还有其他多种方法)。

6. 回收站的操作

在桌面上双击"回收站"图标,或者在资源管理器的左侧文件夹浏览栏中选择"回收站",均可打开回收站窗口。

(1) 打开"回收站",查看删除的文件。
(2) 从回收站中依次恢复刚才删除的文件。
(3) 将不需要的项目从回收站中删除,物理删除后不能恢复。
(4) 将回收站中的内容全部清除,物理清空后不能恢复。

7. 文件的重命名、复制和移动操作

(1) 将桌面上的文档文件"课文"的名字改为"计算机"。
- 右键单击该文档文件;
- 选择"重命名"命令,并输入"计算机"。

(2) 将学号文件夹下的"简历"文档复制到"我的文档"。
- 在学号文件夹下选定"简历"文档;
- 按 Ctrl+C 组合键;
- 打开"我的文档"文件夹;
- 按 Ctrl+V 组合键。

(3) 将 D 盘上的学号文件夹移动到 USB 盘上。
- 在 D 盘上选定学号文件夹;

- 按 Ctrl+X 组合键；
- 在"我的电脑"中打开 USB 盘；
- 按 Ctrl+V 组合键。

注意：还可以利用鼠标拖曳、快捷菜单、编辑菜单、工具按钮等方法。若向可移动盘复制，则选择对象后，单击右键选择"发送"到相应移动盘。

(4) 在 D 盘根上建立一个文件夹，名字为"字体"，利用编辑菜单将 C 盘中"Windows"文件夹中的"Fonts"文件夹下的内容复制到该文件夹下，然后分别将该文件夹下的内容删除，最后删除"字体"文件夹。

8. 搜索一个文件或文件夹

(1) 在 C 盘上搜索"Notepad.exe"文件。
- 在"开始"菜单中选择"搜索"命令；
- 在出现的"搜索"窗口中选择"所有文件和文件夹"；
- 在"全部或部分文件名"位置处输入"Notepad.exe"；
- 在"在这里寻找"处选择 C 盘；
- 单击"搜索"按钮。

(2) 在 D 盘上搜索自己的学号文件夹。

9. 搜索多个文件或文件夹

(1) 在 C 盘查找所有扩展名为.TXT 文件的操作。
- 在"开始"菜单中选择"搜索"命令；
- 在"搜索"窗口中选择"所有文件和文件夹"；
- 在"全部或部分文件名"位置处输入 *.TXT；
- "在这里寻找"处选择 C 盘；
- 最后单击"搜索"按钮。

(2) 在 C 盘查找所有文件名中第 2 个字符是 A，扩展名为.BMP 的文件的操作。

(3) 在 C 盘查找所有文件名为 4 个字符，扩展名为.EXE 的文件的操作。

(4) 在 C 盘查找所有文件名为 6 个字符并以字母 C 开头，扩展名为.SYS 的文件操作。

实验四　磁盘操作

一、实验目的

掌握磁盘属性的设置及其操作。

二、实验内容

(1) 磁盘属性设置。
(2) 磁盘清理。

(3)磁盘检查。
(4)磁盘格式化。
(5)磁盘碎片整理。

三、实验指导

1. 磁盘属性

查看磁盘的类型、文件系统、空间大小及卷标等属性信息。

(1)打开"我的电脑"选择需要查看的磁盘(D盘)。

(2)单击鼠标右键选择"属性",出现"磁盘属性"对话框。

(3)在磁盘属性对话框中查看该磁盘的类型、使用的文件系统、已用空间、可用空间和总容量等。

(4)修改磁盘的名称(卷标)为"计算机应用"。

2. 磁盘清理

使用磁盘清理程序可以删除临时文件,释放磁盘空间,提高系统性能。

使用"开始"→"所有程序"→"附件"→"系统工具"→"磁盘清理"命令,或在"磁盘属性"对话框中选择"磁盘清理"按钮,可打开"磁盘清理"对话框。

3. 磁盘检查

磁盘检查可以将磁盘存储空间中某些不稳定的或者损坏的磁盘扇区进行恢复或者标记,保障文件信息的存储和读取正确可靠。

在磁盘工具选项卡中单击"开始检查"按钮,出现图"磁盘检查"对话框。在"磁盘检查"选项处选择相应选项,然后单击"开始"即可进行磁盘检查操作。

4. 磁盘格式化

磁盘的高级格式化就是在磁盘上建立文件系统,包括文件分配表、目录区、数据区和安全访问设置等,以使操作系统能够正确的识别和读写磁盘上的数据。用户在拿到一块新磁盘后首先必须格式化才能够正常使用。格式化操作过程如下:

(1)打开"我的电脑"窗口,在窗口中选定需要格式化的磁盘,如果是 USB 盘应该先插在计算机上。

(2)在被选对象上单击右键弹出快捷菜单,或者打开"文件"菜单,然后选择"格式化"菜单项,出现磁盘格式化对话框。

(3)在对话框中进行有关设置,一般都是系统自动识别为默认值。若想快速格式化,就选定"快速格式化"(只删除磁盘文件,不扫描坏扇区)。

(4)单击"开始"按钮会出现警告消息框,提示用户格式化将删除磁盘上的所有数据,单击"确定"按钮正式开始格式化该磁盘。

5. 磁盘碎片整理

使用磁盘碎片整理工具可以重新安排文件在磁盘中的存储位置,将文件的存储空间整理集中到相邻的连续的扇区上,同时合并可用空间,实现提高程序运行速度的目的。

(1) 使用"开始"→"所有程序"→"附件"→"系统工具"→"磁盘碎片整理程序"命令，或在"磁盘属性"对话框中选择"磁盘碎片整理"按钮，可打开"磁盘碎片整理"对话框。

(2) "磁盘碎片整理"对话框中单击"分析"按钮，可分析是否需要对该磁盘进行碎片整理；单击"查看报告"按钮，可弹出分析报告或碎片整理报告。

(3) 单击"碎片整理"按钮，可开始磁盘碎片整理，系统会在"磁盘碎片整理"对话框中的"整理前"和"整理后"后处分别用不同颜色表示碎片整理的情况，这个过程所用时间长短会因磁盘中文件的多少和碎片零散程度的不同而有很大差异。整理完成后弹出碎片整理报告。

实验五 系统管理

一、实验目的

(1) 熟悉系统管理工具的功能与使用。
(2) 掌握设备管理器的使用方法。
(3) 掌握打印机的安装与设置。

二、实验内容

(1) 系统管理工具。
(2) 计算机管理。
(3) 设备管理器。
(4) 打印机的管理。

三、实验指导

1. 系统管理工具

进入控制面板，打开"管理工具"窗口，双击启动相应的管理工具，查看其功能与使用方法。管理工具如下：
- 安全策略管理工具；
- 服务；
- 计算机管理；
- 事件查看器；
- 数据源；
- 性能；
- 组件服务。

2. 计算机管理

在"我的电脑"上单击右键，再选择"管理"菜单项即可打开计算机管理控制台窗口；或者从控制面板中进入"管理工具"窗口，双击打开计算机管理控制台窗口。

(1) 熟悉管理控制台窗口,左侧窗格包含控制树,右侧窗格包含详细信息。

(2) 单击控制树中的项目,在详细信息窗格中查看有关该项目的特定信息。

(3) 事件查看器:管理和查看在应用程序、安全和系统日志中记录的事件。可以监视这些日志以跟踪安全事件,并找出可能的软件、硬件和系统问题。

(4) 共享文件夹:查看计算机上使用的连接和资源。可以创建、查看和管理共享,查看打开的文件和会话,以及关闭文件和断开会话。

(5) 本地用户和组:创建和管理本地用户账户和组。

(6) 性能日志和警报:配置性能日志和警报,以监视和收集有关计算机性能的数据。

(7) 设备管理器:查看计算机上安装的硬件设备,更新设备驱动程序,修改硬件设置,以及排除设备冲突问题。

(8) 可移动存储:跟踪可移动的存储媒体,并管理库或包含库的数据存储系统。

(9) 磁盘碎片整理程序:使用"磁盘碎片整理"工具分析和整理硬盘上的碎片。

(10) 磁盘管理:使用"磁盘管理"工具执行与磁盘有关的任务,如转换磁盘或创建和格式化卷。"磁盘管理"可以帮助管理硬盘以及硬盘包含的分区或卷。

(11) 服务:管理本地和远程计算机上的服务。可以启动、停止、继续或禁用服务。

(12) WMI 控件:配置和管理 Windows Management Instrumentation（WMI）服务。

(13) 索引服务:管理"索引"服务,以及创建和配置附加目录以存储索引信息。

3. 设备管理器

(1) 通过以下三种方式打开设备管理器窗口。

① 在"我的电脑"图标上单击鼠标右键,选择"管理"→"设备管理器"。

② 在"我的电脑"图标上单击鼠标右键,选择"属性"→"硬件"→"设备管理器"。

③ 打开我的电脑,单击左侧任务中的"查看系统信息"→"硬件"→"设备管理器"。

(2) 在打开的设备管理器窗口中查看计算机中所安装的硬件设备:处理器、磁盘驱动器、监视器、显示卡、通用串行总线控制器、声音视频和游戏控制器、鼠标和指针设备、人体学输入设备、网络适配器。

(3) 扫描检测硬件改动。

(4) 更新设备驱动程序。

(5) 停用、卸载和启用设备。

(6) 查看设备前面出现的特殊图标符号,分析设备可能存在的问题,并尝试修复。

4. 打印机的管理

选择"开始"→"控制面板"→"打印机和传真"命令,或者直接选择"开始"→"打印机和传真"命令,打开打印机管理窗口。

(1) 添加打印机:为新打印机安装驱动程序。

(2) 查看打印机正在干什么:查看目前正在打印和排队的任务。

(3) 设置打印首选项:设置选定打印机的纸张类型、打印质量等选项。

(4) 共享打印机:与其他用户通过网络共享这台打印机。
(5) 删除打印机:从系统中删除此打印机及其驱动程序。
(6) 设置打印机属性:打开打印机的属性窗口,设置纸张、端口、安全等选项,打印测试页等。

实验六 任务管理

一、实验目的

(1) 掌握任务管理器的相关操作。
(2) 掌握添加程序的方法。
(3) 掌握运行程序的方法。

二、实验内容

(1) 任务管理器基本操作。
(2) 添加、删除程序。
(3) 运行应用程序。

三、实验指导

1. 任务管理器基本操作

在任务栏空白处单击鼠标右键,从弹出菜单中选择"任务管理器"或者使用 Ctrl+Alt+Del 快捷键,均可打开任务管理器。

(1) 熟悉任务管理器窗口中各个菜单选项。
(2) 在"关机"菜单下完成待机、休眠、关闭、重启、注销和切换操作。
(3) 在应用程序标签页中查看当前正在运行的应用程序。
- 单击"结束任务"按钮直接关闭应用程序;
- 单击"新任务"按钮,创建一个新的任务。

(4) 在进程标签页中查看正在运行的进程。
- 识别正在运行的应用程序与后台服务;
- 查找些隐藏在系统底层深处的病毒或木马程序(可疑进程);
- 找到需要结束的进程名,执行右键菜单中的"结束进程"命令,强行终止该进程。

(5) 在性能标签页中查看计算机硬件性能。
- 查看当前 CPU 的使用比率与使用记录图形;
- 查看当前内存的使用比率与使用记录图形;
- 查看物理内存与核心内存的分配;
- 查看系统的进程数量、线程数量和打开的句柄数量;
- 更改默认的数据刷新时间为每秒刷新一次。

(6) 在联网标签中查看本地网络连接情况。
- 查看网络连接的线路速度与实时使用情况；
- 查看网络连接使用率记录图形。

(7) 在用户标签页中查看用户登录情况。
- 查看当前已登录和连接到本机的用户及其活动状态、客户端名称等；
- 选中用户名称，单击"注销"按钮使其重新登录；
- 选中用户名称，单击"断开"按钮断开用户与本机的连接。

2. 添加、删除程序

在控制面板中双击"添加或删除程序"图标，或者打开"我的电脑"，在左侧系统任务中单击"添加/删除程序"，就会出现添加或删除程序窗口。

(1) 更改或删除程序：可以更改或删除系统安装的应用程序。

(2) 添加新程序：安装系统软件或者应用程序，选择后系统会提示安装的来源。

(3) 添加或删除 Windows 组件：Windows 自带的一些可以选择安装的系统工具和应用程序，在需要时可以安装（添加）或卸载（删除），选择此选项后会出现 Windows 组件安装向导，可根据向导提示来依次完成。

(4) 设定程序的访问值和默认值：指定某些动作的默认程序，例如网页浏览、发送邮件和媒体播放等。

3. 运行应用程序

(1) 在"资源管理器"中执行。
- 打开"资源管理器"窗口；
- 进入 C 盘的 Windows 文件夹中；
- 在"notepad.exe"文件上双击左键或单击右键，选择"打开"。

(2) 以命令的方式直接执行。
- 打开"开始"菜单，选择"运行"；
- 在出现的运行文本框中输入"C:\windows\writer.exe"；
- 单击"确定"。

(3) 在"命令提示符"(DOS)状态下运行。
- 在"附件"中选择"命令提示符"；
- 在命令状态，输入"C:\windows\system32\calc"回车。

(4) 从"开始"菜单中运行。
- 在"开始"菜单中查找"WPS Office"；
- 选择"WPS 文字"。

(5) 从桌面快捷方式中运行。
- 在桌面上创建"WPS 表格"快捷方式；
- 双击"WPS 表格"快捷方式。

实验七　附件应用程序

一、实验目的

掌握附件中常用软件的使用方法。

二、实验内容

(1) 记事本应用程序的使用方法。
(2) 计算器应用程序的功能和使用方法。
(3) "画图"应用程序的功能和使用方法。

三、实验指导

1. 记事本的使用

(1) 打开记事本应用程序,熟悉其窗口界面和菜单功能。
(2) 建立一个新文档,内容为:姓名、性别、年龄、籍贯、毕业院校、文化程度和通信方式。
(3) 将文档保存在 D 盘个人学号文件夹下"实验 2-7\个人简历.txt"。
(4) 关闭记事本程序。
(5) 双击保存的"个人简历.txt"文件,重新打开记事本并添加联系电话。
(6) 保存退出。

2. 计算器的使用

(1) 计算十进制数 255 对应的二进制数、八进制数和十六进制数。
(2) 计算十六进制数 FFFFFFFF 对应的二进制数、八进制数和十进制数。

3. 画图程序的使用

(1) 熟悉画图程序窗口的组成。
(2) 熟悉工具箱中各种工具的功能。

- 裁剪工具:从图形中裁剪任意区域进行移动、复制和编辑。
- 选择工具:从图形中选择一个矩形区域进行移动、复制和编辑。
- 橡皮工具:使用当前背景色擦除部分区域。
- 填充工具:使用当前绘图色填充某块区域,单击左键用前景颜色填充,单击右键用背景色填充。
- 取色工具:在当前图形上吸取一种颜色来改变当前前景或背景色。单击左键吸取前景颜色,单击右键吸取背景色。
- 放大镜工具:可以放大图形便于查看细节,再次使用时还原。
- 铅笔工具:绘制一个像素宽的不规则的线条。

- 刷子工具：使用预定的形状和大小绘制不规则的图形。
- 喷枪工具：使用预定的大小绘制喷绘效果。
- 文字工具：使用前景颜色在图形中输入文字，可以选择字体、字号等。
- 直线工具：用选定的线宽画一条直线，按下 Shift 键可以保证线条的斜率。
- 曲线工具：用选定的线宽画一条曲线，拖动鼠标改变线的曲率。
- 矩形工具：用选定的填充模式画矩形，按下 Shift 键时画正方形。
- 多边形工具：用选定的填充模式画多边形，双击左键封闭首尾顶点。
- 椭圆工具：用选定的填充模式画椭圆，按下 Shift 键时画正圆形。
- 圆角矩形工具：用选定的填充模式画圆角矩形，按下 Shift 键画圆角正方形。
- 辅助工具箱：对工具箱中的画线等工具进一步选择。

(3) 熟悉颜料盒中各种工具的功能。
- 设置前景色为红色；
- 设置背景色为浅蓝色；
- 交换前景色和背景色；
- 设置一种自定义颜色。

(4) 熟悉绘图区。
- 复制当前活动窗口，"粘贴"到绘图区，保存为个人学号文件夹下的文件"实验 2-7\活动窗口.jpeg"。
- 复制当前屏幕，"粘贴"到绘图区，保存为个人学号文件夹下的文件"实验 2-7\屏幕复制.jpeg"。

图 2-1　实验 2-7

(5) 使用"画图"程序，绘制如图 2-1 所示的图形，保存为个人学号文件夹下的文件"实验 2-7\自绘图形.png"。

实验八　Windows 输入法

一、实验目的

掌握 Windows 输入法的使用。

二、实验内容

(1) 启动和切换汉字输入法。
(2) 输入法状态条上按钮的功能。
(3) 全角和半角模式。
(4) 中英文标点符号。

(5) 软键盘的使用。

三、实验指导

1. 启动和切换汉字输入法

在 Windows 中各种输入法之间的切换方法有：

(1) 在语言栏指示器上单击鼠标左键。

(2) 使用 Ctrl+空格键在中英文之间切换。

(3) 使用 Ctrl+Shift 键在各种输入法中滚动切换。

2. 输入法状态条上按钮的功能

在语言栏上显示的按钮和选项取决于所安装的文字服务和当前处于活动状态的软件程序。常见的微软拼音输入法状态条上各按钮的功能如表 2-5 所示。

表 2-5 状态条按钮的功能

按 钮 名 称	按钮功能一	按钮功能二
中文/英文切换按钮	中 中文输入	英 英文输入
全角/半角切换按钮	○ 全角符号	☽ 半角符号
中/英文标点切换按钮	。, 中文标点	., 英文标点
软键盘开/关切换按钮	⌨ 软键盘	
简体/繁体切换按钮	简 输入简体字	繁 输入繁体字

3. 全角和半角模式

(1) 全角与半角模式的切换可以通过鼠标在输入法状态栏上选择，还可以使用组合键 Shift+Space。

(2) 打开记事本，使用半角和全角切换输入如下字符：

```
123ABC~`!@#$%^&*()_+-={}|[]\:";'<>?,./
１２３ＡＢＣ～｀！＠＃＄％＾＆＊（）＿＋－＝｛｝｜［］＼：＂；＇＜＞？，．／
```

(3) 将上述文档保存为个人学号文件夹下的文件"实验 2-8\全角与半角.txt"。

4. 中英文标点符号

(1) 中英文标点符号之间的切换可以使用鼠标在输入法状态栏上选择，还可以使用 Ctrl+. 键。

(2) 键盘上的同一个标点符号按键在全角和半角状态下的表现截然不同，中英文标点符号键盘对照表如表 2-6 所示。

表 2-6　中英文标点符号键盘对照表

符号名称	中文符号	键位	符号名称	中文符号	键位
句号	。	.	小括号	( )	( )
逗号	，	,	中括号	【】	[ ]
分号	；	;	大括号	{ }	{ }
冒号	：	:	书名号	《》	< >
问号	？	?	省略号	……	^
感叹号	！	!	破折号	——	—
顿号	、	\	间隔号	·	·
双引号	" "	"	连接号	～	~
单引号	' '	'	人民币符号	￥	$

（3）打开记事本，在全角模式下使用中英文标点切换输入如下符号：

~ ` ! @ # $ % ^ & * ( ) _ + - = { } | [ ] \ : " " ; ' ' < > ? , . /
～ · ！ @ # ￥ % …… & × （ ） —— + - = { } | 【 】 \ ： " " ； ' ' 《 》 ？ ，。

（4）将上述文档保存为个人学号文件夹下的文件"实验 2-8\中英文标点符号.txt"。

5. 软键盘的使用

（1）用软键盘输入以下符号：

§ № ★ ○ ● ※ → ← Ⅰ Ⅱ Ⅲ Ⅳ Ⅴ 1. 2. 3. ① ② ③
≤ ≥ ≠ ＋ － × ÷ ± √ ∽ ∑ α β γ ε η θ π ξ

（2）将上述文档保存为个人学号文件夹下的文件"实验 2-8\软键盘输入.txt"。

第3章 计算机网络基础实验

实验一 Windows 用户与文件共享

一、实验目的
(1) 掌握用户及用户组的创建与管理。
(2) 掌握文件和文件夹的共享。

二、实验内容
(1) 创建用户和用户组。
(2) 将用户添加到一个组中。
(3) 打开 Guest 账户的权限。
(4) 文件和文件夹的共享。

三、实验指导

1. 创建用户和用户组

Windows 系统的用户管理内容,主要包括账号的新建、修改、删除和设置密码等内容,可以通过打开"控制面板"中的用户账户管理窗口(如图 3-1 所示)或者计算机管理窗口(如图 3-2 所示)来进行设置。

(1) 新建一个用户,起名为你自己的名字。
- 在计算机管理窗口中,展开"系统工具"→"本地用户和组"→"用户";
- 选择"操作"→"新用户"命令,打开"新用户"对话框;
- 在"用户名"文本框中输入自己的学号,在"全名"文本框中输入自己的完整姓名;在"描述"文本框中输入"学生实验用户";
- 单击"创建"按钮完成新用户的创建。

(2) 新建一个用户组,起名为 Student。
- 在计算机管理窗口中,展开"系统工具"→"本地用户和组"→"组";
- 选择"操作"→"新建组"命令,打开"新建组"对话框;
- 在"组名"文本框中输入"Student",在"描述"文本框中输入"学生组";
- 单击"创建"按钮完成组的创建。

图 3-1　用户账户管理窗口

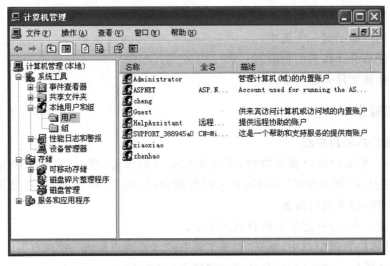

图 3-2　计算机管理窗口

2．将用户添加到一个组中

将用户添加到一个组中，可以通过用户属性对话框来完成，也可以通过组属性对话框来完成。

（1）通过用户属性对话框来将一个用户添加到特定的组中。

- 在计算机管理窗口中，展开"系统工具"→"本地用户和组"→"用户"；
- 在右侧列表中的用户名称上单击鼠标右键，选择"属性"命令，打开"用户属性"对话框；

- 在"隶属于"标签中查看用户目前加入的组,单击"添加"按钮打开"选择组"对话框;
- 在"选择组"对话框中,输入刚才创建的新用户组"Student";
- 单击"检查名称"按钮检查用户组的合法性;
- 单击"确定"按钮完成用户组的添加,并在"隶属于"标签中查看用户目前加入的组;
- 单击"确定"关闭"用户属性"对话框。

(2) 通过组属性对话框来将一个用户添加到特定组中。
- 在计算机管理窗口中,展开"系统工具"→"本地用户和组"→"组";
- 在右侧列表中的 Student 组名称上单击鼠标右键,选择"属性"或者"添加到组"命令,打开"组属性"对话框;
- 在"Student 属性"对话框中查看当前加入的用户成员,单击"添加"按钮打开"选择用户"对话框;
- 在"选择用户"对话框中,输入刚才创建的新用户;
- 单击"检查名称"按钮检查用户的合法性;
- 单击"确定"按钮完成用户的添加,并在"成员"列表框中查看当前用户组中的成员;
- 单击"确定"按钮关闭"组属性"对话框。

3. 打开 Guest 账户权限

Guest 账户是通用账户,是供来宾访问计算机或访问域的内置账户,具有最低的权限,默认状态下是禁用的。使用 Guest 账户时必须打开其权限,才能让网络上的其他计算机访问共享资源。具体操作如下:

(1) 单击"控制面板"→"性能和维护"→"管理工具"→"计算机管理",出现计算机管理窗口。

(2) 展开"系统工具"→"本地用户和组"→"用户",右侧窗口列出本机已经设置的所有账户。

(3) 双击右侧窗口中的"Guest"账户,打开"Guest 属性"对话框。

(4) 在"常规"选项卡中,清空"账户已停用"复选框,选中"密码永不过期"和"用户不能更改密码"复选框,如图 3-3 所示。

(5) 单击"确定"关闭"Guest 属性"对话框。

4. 文件和文件夹的共享

(1) 将所使用计算机中的"我的文档"设置为简单文件夹共享。
- 选中要共享的文件夹"我的文档",单击鼠标右键弹出快捷菜单;从中选择"共享和安全"命令,出现简单文件共享属性设置对话框;
- 如果初次使用时文件共享功能没有启用,则提示在网络上共享文件的安全风险;如果需要启用文件共享功能,单击安全提示文字可以使用网络安装向导或者是直

图 3-3　Guest 账户属性对话框

接启用文件共享,如图 3-4 左图所示;
- 系统启用了文件共享后,在"共享"选项卡中选择"在网络上共享这个文件夹"复选框,该文件夹名称将自动显示在"共享名"文本框中;用户可以修改共享名称,或者进行修改权限的设置,比如选择"允许网络用户更改我的文件"复选框,如图 3-4 右图所示;
- 单击"确定"按钮关闭对话框窗口。

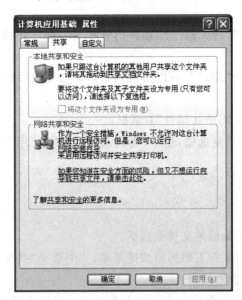 

图 3-4　简单文件共享属性对话框

(2) 将所使用计算机中 D 盘的"学号"文件夹设置为网络文件夹共享,设置用户数限制为 6 人。
- 选择"资源管理器"→"工具"→"文件夹选项"命令,弹出"文件夹选项"对话框;
- 在"文件夹选项"对话框中,单击"查看"选项卡,在该选项卡的"高级设置"选项中取消"使用简单文件共享(推荐)"复选框,如图 3-5 所示;

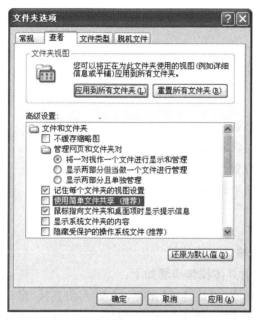

图 3-5 "文件夹选项"对话框

- 选定 D 盘中的"学号"文件夹,单击鼠标右键,弹出快捷菜单,在弹出的菜单中选择"共享和安全",出现"学号文件夹"属性对话框;
- 在对话框中单击"共享文件夹"单选按钮,设置该共享文件夹的名称和允许的最大用户访问数量为 10;
- 单击"权限"按钮,进入"学号"文件夹的权限对话框;
- 在权限对话框中,可以在"组和用户名称"列表中添加用户,并为他们设置不同的权限,选择"允许"或"拒绝"下的"完全控制"、"更改"和"读取"复选框来为不同的用户分配不同的使用权限;
- 单击"确定"按钮关闭对话框窗口。

(3) 访问教师机上的"作业要求"文件夹。
- 双击桌面上的"网上邻居"图标;
- 在网上邻居选择"网络任务"组中的"查看工作组计算机";
- 单击教师机图标,在打开的窗口中找到教师机共享的"作业要求"文件夹;
- 复制教师机上的"作业要求"文件夹到本地计算机的"学号"文件夹中。

(4) 访问学生机上的共享文件夹。
- 双击桌面上的"网上邻居"图标;

- 在网上邻居选择"网络任务"组中的"查看工作组计算机";
- 单击相邻学生机图标,在打开的窗口中查看其共享的文件或文件夹。

实验二 Windows 网络管理

一、实验目的

掌握 Windows 网络的连接与管理。

二、实验内容

(1) 建立网络拨号连接。
(2) 设置 TCP/IP 协议属性。
(3) 代理服务器的设置。
(4) 熟悉 Internet 选项设置。

三、实验指导

1. 建立拨号网络连接

建立拨号网络连接的具体操作步骤如下:

(1) 在控制面板中单击"网络连接"图标,进入"网络连接"窗口。

(2) 在左侧任务区单击"网络任务"中的"创建一个新的连接"选项,进入"新建连接向导"对话框。

(3) 单击"下一步"按钮,进入"网络连接类型"对话框,选择"连接到 Internet"单选框。

(4) 单击"下一步"按钮,进入"准备好"对话框,选择"手动设置我的连接"单选框,如图 3-6 所示。

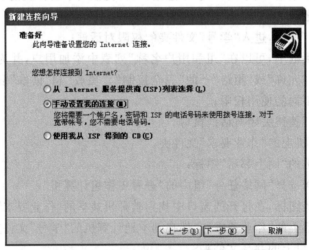

图 3-6 "准备好"对话框

(5) 单击"下一步"按钮，进入"Internet 连接"，选择"用拨号调制解调器连接"单选框。

(6) 单击"下一步"按钮，进入"连接名"对话框，输入 ISP 名称。该名称可以是用户的 ISP 提供的，也可以是用户任意定义的，比如"163"。

(7) 单击"下一步"按钮，进入"要拨的电话号码"对话框，输入电话号码"16300"。

(8) 单击"下一步"按钮，出现如图 3-7 所示的"Internet 账户信息"对话框。输入 ISP 提供的用户名和密码，此处均为 16300。

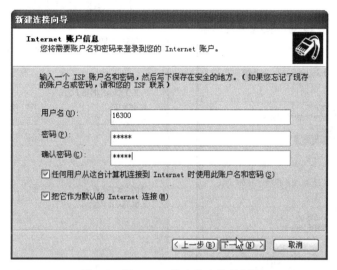

图 3-7 "Internet 账户信息"对话框

(9) 单击"下一步"按钮，选择"在我的桌面添加一个此连接的快捷方式"复选框。

(10) 单击"完成"按钮，完成一个新连接的创建。

2. 设置 TCP/IP 协议属性

Windows TCP/IP 协议设置步骤如下：

(1) 在控制面板中选择"网络连接"对话框。

(2) 双击"本地连接"图标，弹出"本地连接属性"对话框，如图 3-8 所示。

(3) 在"本地连接属性"对话框中，双击"Internet 协议（TCP/IP）"，出现"Internet 协议（TCP/IP）属性"对话框。

(4) 选中"使用下面的 IP 地址"单选框，输入 IP 地址、子网掩码、默认网关以及 DNS 服务器，如图 3-9 所示。

(5) 依次单击"确定"按钮，根据提示信息重新启动计算机。

3. 代理服务器的设置

目前，局域网中常用的代理服务器软件有 WinGate、WinRoute 和 WinProxy 等，这些服务器不仅可以支持常见的代理服务，如 HTTP、FTP、SMTP、TELNET，还可以提供如 SOCKS 的代理服务，实现通过代理服务器上网。在客户机中设置代理服务器的操作如下：

(1) 在控制面板中打开"Internet 选项",选择"连接"选项卡。
(2) 单击"局域网设置"按钮,打开"局域网(LAN)设置"对话框。
(3) 在"代理服务器"选项中,选中"为 LAN 使用代理服务器"复选框。
(4) 在"地址"和"端口"文本框中输入代理服务器地址和端口。
(5) 单击"确定"按钮。

图 3-8 "本地连接属性"对话框

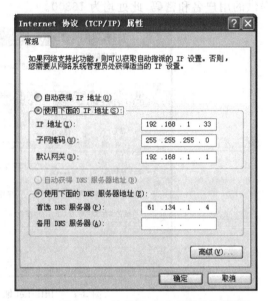

图 3-9 "Internet 协议(TCP/IP)属性"对话框

实验三 浏览器的使用

一、实验目的

(1) 熟悉浏览器的工作界面。
(2) 掌握 Web 站点的访问方法。
(3) 掌握浏览器的设置与使用。

二、实验内容

(1) 浏览器的基本操作。
(2) 访问 Web 站点。
(3) 收藏夹的使用。
(4) 保存网页和图片。
(5) Internet 选项设置。

三、实验指导

1. 浏览器的工作界面

（1）Internet Explorer 的启动。

方法一：在桌面上双击 IE 快捷图标。

方法二：单击"开始"→"程序"→Internet Explorer。

方法三：单击 Windows 任务栏上的快速启动工具栏中的 IE 图标。

（2）Internet Explorer 工作窗口。

Internet Explorer 工作窗口如图 3-10 所示。窗口工具栏有地址栏和标准按钮，地址栏主要用于输入要打开网页的 URL 地址，工具栏则给出了一些常用的功能按钮。

图 3-10　IE 的工作窗口

（3）工具栏各按钮的功能。

熟悉表 3-1 给出的标准常用工具栏按钮的功能。

表 3-1　Internet Explorer 工具栏各按钮的功能

图标	名称	功　能	图标	名称	功　能
	后退	查看上一个打开的网页		搜索	搜索所需要浏览的网页
	前进	查看下一个打开的网页		收藏夹	打开收藏夹窗格
	停止	停止访问当前网页		历史	打开历史记录窗格
	刷新	重新访问当前网页		邮件	阅读邮件
	主页	打开默认主页		打印	打印当前网页

2. 访问 Web 站点

（1）直接输入 URL 地址。

在浏览器的地址栏中依次输入下列地址，并浏览网站内容。

- http://www.sohu.com
- http://www.baidu.com
- www.chd.edu.cn
- 202.117.64.105

（2）快速浏览网页。

快速浏览网页主要用于再次打开已经打开过的网页，常用的操作方法有：

- 利用地址栏右侧的下箭头打开，在常用地址列表中选择要打开网页的 URL 地址，如图 3-11 所示；
- 使用"后退"、"前进"按钮；
- 使用"历史记录"功能；
- 使用"收藏夹"功能。

图 3-11 利用地址栏快速打开网页

3．收藏夹的使用

（1）打开 jsjyy.chd.edu.cn 网站。

（2）单击工具栏上的"收藏夹"按钮，打开"收藏夹"窗格。

（3）在"收藏夹"窗格中单击"添加"按钮，打开"添加到收藏夹"对话框。

（4）输入收藏网站的名称"计算机基础教学网站"，然后单击"确定"，将该网址加入到收藏夹。

（5）在"收藏夹"窗格中浏览以前收藏的网页地址，在不再需要的网页名称上单击鼠标右键，在弹出的快捷菜单中选择"删除"命令。

4．保存网页

（1）在浏览器地址栏中输入 www.tsinghua.edu.cn，打开清华大学网站首页。

（2）使用"文件/另存为"命令，或使用鼠标右键快捷菜单中的"目标另存"命令，打开"另存为"对话框。

（3）设置文件路径为 D 盘学号文件夹。

(4) 在学号文件夹下新建子文件夹"实验 3-3"。

(5) 指定文件存放的路径为"实验 3-3"文件夹,文件名为"清华大学",选择文件类型为"网页"。

(6) 单击"保存网页"按钮。

(7) 进入到"实验 3-3"文件夹,双击刚才保存的网页文件,脱机浏览该网页。

5．保存网页中的图片

(1) 在浏览器地址栏中输入 www.chd.edu.cn,打开长安大学网站首页。

(2) 在网页左上角的校徽标志图片处单击鼠标右键,在弹出的快捷菜单中选择"图片另存"命令,打开"保存图片"对话框。

(3) 指定文件存放的路径为"实验 3-3"文件夹,文件名为"长安大学校徽",文件类型保持不变。

(4) 单击"保存"按钮。

(5) 进入到"实验 3-3"文件夹,双击刚才保存的图片文件,查看该图片。

6．Internet 选项设置

在 Internet Explorer 窗口中,使用"工具"→"Internet 选项",或者在控制面板中选择"Internet 选项",打开选项设置对话框,进行以下设置。

(1) 设置启动主页为空白页。

(2) 查看 Internet 临时文件的设置。

(3) 清除临时文件和 Cookies。

(4) 查看浏览历史记录,将网页保存在历史记录中的天数设为 15 天。

(5) 清除已有的历史记录。

实验四　电子邮件的接收和发送

一、实验目的

(1) 掌握电子邮件的申请方法。

(2) 掌握电子邮件的接收和发送方法。

(3) 掌握电子邮件软件的基本操作。

二、实验内容

(1) 申请电子邮箱。

(2) 发送电子邮件。

(3) 接收电子邮件。

(4) OutLook Express 的设置。

(5) OutLook Express 的使用。

三、实验指导

1. 申请电子邮箱
(1) 打开 www.163.com 的主页,单击"免费邮箱"。
(2) 在免费邮箱页面中登录区域中,单击"免费注册"。
(3) 在打开的页面中显示出邮件的注册向导。
(4) 按照提示填写邮箱用户名、密码和验证码,勾选"我已阅读并接受'服务条款'"选项后,单击"提交注册"按钮。
(5) 页面显示"注册"成功信息,牢记自己的邮箱和密码。

2. 发送电子邮件
(1) 打开 www.163.com 网站,单击"免费邮箱",在提示处输入申请邮箱时设定的用户名和密码,登录成功后进入自己的电子邮箱页面。
(2) 在邮箱左侧的工具栏处,单击"写新邮件"按钮。
(3) 在"写邮件"页面中,填写"收件人"的电子邮箱地址、邮件主题和邮件内容。
(4) 如果需要添加附件,可单击"添加附件"按钮,在出现的"插入附件"对话框中,指明附件的位置和文件名,单击"附加"按钮。
(5) 如果有多个附件,则依次执行上述添加附件的步骤。
(6) 在"写邮件"页面中,单击"发送"按钮,便可将邮件发送出去了。

3. 接收电子邮件
(1) 打开 www.163.com 网站,单击"免费邮箱",在提示处输入申请邮箱时设定的用户名和密码,登录成功后进入自己的电子邮箱页面。
(2) 在邮箱左侧的工具栏处,单击"收邮件"按钮。
(3) 在"收件箱"中查看收到的邮件的发件人、邮件主题和邮件内容摘要。
(4) 单击想要查看的邮件的主题,查看邮件详细内容。
(5) 如果邮件中包含附件,单击"下载"按钮保存邮件中的附件。
(6) 如果有多个附件,则依次执行上述下载附件的步骤。
(7) 单击"回复",向邮件的发送者回一封邮件。
(8) 单击"转发",将收到的邮件转发给其他人。
(9) 将邮件发件人的邮箱地址存入地址簿中。

4. OutLook Express 的设置
要使 OutLook Express 能够正确接收邮件,在使用前必须要创建电子邮件账号。可以通过两种方法设置账号。

方法一:在第一次启动 OutLook Express 时,通过"Internet 连接向导"创建邮件账号。

方法二:在 OutLook Express 的窗口中,使用"工具"→"账号"命令,打开"Internet 账号"对话框,选中"邮件"选项卡,单击"添加"按钮,选中"邮件",然后进入"Internet 连接向导",根据向导提示输入下列内容。

(1) 输入姓名：如"jsjyy2"，单击"下一步"按钮。

(2) 输入电子邮件地址：选中"我想使用一个已有的电子邮件地址"单选框，然后在电子邮件地址栏键入 E-mail 地址，例如：jsjyy2@163.com。单击"下一步"按钮。

(3) 电子邮件服务器名：对于 www.163.com 网站的邮箱，在接收邮件服务器名文本框中输入 pop3.163.com；在发送邮件服务器名的文本框中输入：smtp.163.com，单击"下一步"按钮。

(4) Mail 登录：将免费邮箱的用户名和密码分别输入账号名和密码文本框内，单击"下一步"按钮。

(5) 完成：单击"完成"按钮。

(6) 账号添加成功后，在"Internet 账号"对话框的"邮件"选项卡中便列出刚才添加的 E-mail 账号，此时就可以使用 OutLook 接收和发送邮件了。

5．OutLook Express 的使用

(1) 发送邮件。

- 单击工具栏的"创建邮件"按钮或选择"文件"→"新建"→"邮件"命令，打开新邮件窗口。
- 在收件人、抄送、密件抄送栏填入相应的电子邮件地址，多个地址之间用逗号或分号隔开。
- 填写邮件主题。
- 如果要添加附件可单击工具栏上的"附件"按钮。
- 在窗口下部键入邮件的具体内容，待完成后检查无误，按下"发送"按钮将邮件发送出去。

(2) 接收邮件。

当每次启动 OutLook Express 的时候，如果网络处于连接状态，它会自动与电子邮件服务器建立连接并下载所有新邮件，同时也可通过下面的步骤随时接收邮件。

- 按下工具栏的"接收/发送"按钮。
- 在窗口的右边显示收件箱所有信件目录，看过的信件加粗显示。
- 单击邮件目录，查看邮件详细内容。
- 单击"回复"按钮，向邮件的发送者回一封邮件。
- 单击"转发"按钮，将收到的邮件转发给其他人。

实验五 信息查询与文件下载

一、实验目的

(1) 掌握利用搜索引擎进行信息查询的方法。

(2) 掌握文件下载的软件和方法。

二、实验内容

(1) 使用浏览器下载 WWW 客户端软件。
(2) 使用浏览器下载 FTP 客户端软件。
(3) 使用浏览器下载教学软件。
(4) FTP 客户端软件的使用。

三、实验指导

1. 使用浏览器下载 WWW 客户端软件

(1) 在 IE 浏览器中打开百度搜索页面 www.baidu.com。
(2) 在搜索框中输入"FireFox 火狐",并单击"百度一下"按钮。
(3) 在搜索结果中查找合适的网址,进入下载页面。
(4) 下载火狐浏览器软件并保存至 D 盘学号文件夹下。
(5) 双击下载的火狐浏览器软件并根据提示进行安装。

2. 使用浏览器下载 FTP 客户端软件

(1) 在火狐浏览器中打开搜狗搜索页面 www.sogou.com。
(2) 在搜索框中输入"FTP 客户端 FileZilla",并单击"搜狗搜索"按钮。
(3) 在搜索结果中查找合适的网址,进入下载页面。
(4) 下载 FileZilla 软件并保存至 D 盘学号文件夹下。
(5) 打开下载管理器,查看文件下载信息。
(6) 双击下载的 FileZilla 软件并根据提示进行安装。

3. 使用浏览器下载教学软件

(1) 在火狐浏览器中打开计算机应用基础教学网站 jsjyy.chd.edu.cn。
(2) 单击"教学资源"超级链接,进入教学资源下载页面。
(3) 单击"Software"超级链接,查找需要下载的教学软件。
(4) 单击"TypeEasy.exe"下载金山打字软件并保存至 D 盘学号文件夹下。
(5) 单击"WPS.exe"下载金山 Office 办公软件并保存至 D 盘学号文件夹下。
(6) 打开下载管理器,查看文件下载信息。
(7) 双击下载的教学软件并根据提示进行安装。

4. FTP 客户端软件的使用

(1) 启动 FileZilla 客户端软件。
(2) 熟悉 FileZilla 软件的工作界面及其五个区域的功能。
(3) 在快速连接工具栏中输入 FTP 服务器主机为 jsjyy.chd.edu.cn,用户名为自己的学号,口令为自己设置的口令。
(4) 单击"快速连接"按钮登录"计算机应用基础教学 FTP 服务器"。
(5) 登录成功以后,查看本地和远程站点的目录结构和内容。

(6) 将本地站点 D 盘上的学号文件夹拖动至远程站点区域,查看传输队列区域,等待文件上传过程完成。

(7) 将远程站点上的学号文件夹拖动至本地站点中的"我的文档"文件夹下,查看传输队列区域,等待文件下载过程完成。

(8) 将远程站点上的学号文件夹拖动至本地站点中的 USB 盘中,查看传输队列区域,等待文件下载过程完成。

(9) 查看"我的文档"和 USB 盘中的文件。

第 4 章 文字处理实验

实验一　文字处理软件的基本操作

一、实验目的

（1）掌握 WPS 文字启动和退出的方法。
（2）掌握 WPS 文字文档的建立、打开、存储与关闭的方法。
（3）学会特殊符号的输入方法。
（4）学会使用 WPS 文字中的模板。
（5）了解 WPS 文字工作窗口中各种状态提示、标尺和常用工具的功能。

二、实验内容

（1）新建空白文档。
（2）使用模板创建文档。
（3）保存文档。

三、实验指导

1. 新建文档和保存文档

（1）打开 WPS 文字窗口。
（2）输入下面这段文字。

　　允许以 Web 为中心的文档创建。Web 提供了更好的通信及改进的协作特性，因此具有提高用户生产力的巨大潜力。WPS 文字 2012 在适应今天的单独工作方式和将来的 Web 工作方式之间取得了平衡，通过用户熟悉的工具，提供了一条实现这一目标的捷径。
　　对丰富的电子邮件创建的完美支持。WPS 文字 2012 与 OutLook 的通讯和协作客户端紧密集成，允许用户利用 WPS 文字创建和编辑所有的电子邮件。WPS Office 电子邮件能以完全保真的方式在任何与 HTML 兼容的电子邮件阅读程序中显示。

（3）将该段文字保存到桌面，起名为"练习 1"。
（4）关闭文档窗口。
（5）打开"练习 1"文件。
（6）在文档的最后增加"金山公司的其他产品还有《电子表格》、《演示文稿》等。特殊符号しのね→←↑↓★αβγ"。

(7) 将修改好的文件存放到 F 盘的"实验一"文件夹(如果此文件夹不存在,请新建一个)中,文件名为你自己的名字。

2. 创建信函文档

(1) 使用 WPS 文字"首页"的模板选一种简历模板,创建自己的简历文档。
(2) 将修改好的文件存放到 F 盘的"实验一"文件夹中,文件名为练习二。

实验二 文档编辑

一、实验目的

(1) 掌握 WPS 文字文档编辑中的字块操作方法和查找、替换的使用。
(2) 掌握文本的复制和移动方法。
(3) 学会为文档添加密码。

二、实验内容

(1) 使用文档编辑中的字块操作方法和查找、替换功能。
(2) 使用不同的方法复制和移动文本。
(3) 为文档添加密码。

三、实验指导

文档编辑的基本操作如下:

(1) 打开实验一中的"练习一"的文档。
(2) 删除文档中最后的"特殊符号しのね→←↑↓★αβγ"。
(3) 给文档添加标题"WPS 文字 2012 产品简介"。
(4) 从"·对丰富的电子邮件创建……"处开始另起一段。
(5) 照样文一的内容创建一个新文档,命名为"选定文本和图形",或从素材中打开该文档。
(6) 将"选定文本和图形"中的内容复制到档"练习一"的最后。

【样文一】

(1) 将复制的内容合并为一个段落。

(2) 将"WPS公司的其他产品还有《电子表格》、《演示文稿》等。"这一段移动到文档的最后。

(3) 文档中所有的"WPS"全部替换为"金山"。

(4) 将文档中所有的英文字母设置为红色。

(5) 将编辑好的文件以"练习 2-1"为文件名,存放在 F 盘的"实验二"文件夹中,并设置修改口令。

实验三　文档格式设置

一、实验目的

(1) 掌握字符格式和段落格式的设置。

(2) 掌握项目符号和编号的应用方法。

(3) 学会分栏的设置。

(4) 了解添加和撤销边框与底纹。

(5) 学会使用文本的特殊格式。

二、实验内容

(1) 字符格式和段落格式的设置。

(2) 为文字添加项目符号和编号。

(3) 使用分栏功能。

(4) 使用文本的特殊格式。

三、实验指导

1. 字符格式和段落格式的设置

(1) 打开实验二中的文档"练习 2-1"。

(2) 设置所有正文首行缩进 2 个字符。

(3) 将标题"WPS®文字 2012 产品简介"的字体设置为隶书;字号为一号,字形为斜体,字体颜色为红色,效果为阴影。

(4) 将标题"WPS®文字 2012 产品简介"的对齐方式设置为居中。

(5) 将文档中的所有"®"设置为上标。

(6) 将第 2 段文字的字符间距设置为加宽 2 磅。

(7) 使用最简单的方法,将"选定文本字和图形"的字体设置为黑体,字号为四号,字形为加粗,字体颜色为蓝色,对齐方式为分散对齐。

(8) 将第 3 段最后一句,加上蓝色的波浪线下划线。

(9) 将保存文件在"实验三"文件夹中,起名为"练习 3-1"。
(10) 排版效果参看"样文二"。

2. 设置文本特殊格式

(1) 打开实验三中的"练习 3-1"文件。
(2) 为小标题"选定文字和图形"添加边框和底纹,设置边框为方框,线型为波浪线,线型颜色为红色;底纹浅黄色。
(3) 将第 1 段设置首字下沉,下沉行数为 3 行,距正文 0.2 厘米。
(4) 更改第 2 段文字中的英文大小,设置为句首字母大写。
(5) 将第 2 段中的文字"金山 office"设置为双行合一,然后将字号设置为四号、加粗。
(6) 为第 4 段中的文字"选择不相邻的项"添加拼音。
(7) 将第 1 段中的文字"单独工作"合并为一个字符,字号设置为 11。
(8) 为第 2 段添加边框为阴影,线型为双线,线型颜色为蓝色。
(9) 将正文的最后两段交换位置。
(10) 将交换之后的最后一段设置为两栏,并加上分隔线。
(11) 保存修饰好的文档,修饰效果如"样文二"所示。

【样文二】

金山® 文字 2012 产品简介

允许以 Web 为中心的文档创建。Web 提供了更好的通信及改进的协作特性,因此具有提高用户生产力的巨大潜力。WPS 文字 2012 在适应今天的方式和将来的 Web 工作方式之间取得了平衡,通过用户熟悉的工具,提供了一条实现这一目标的捷径。

对丰富的电子邮件创建的完美支持。WPS 文字 2012 与金山® outlook® 2003 的通讯和协作客户端紧密集成,允许用户利用 WPS 文字创建和编辑所有的电子邮件。(金山® office)电子邮件能以完全保真的方式在任何与 HTML 兼容的电子邮件阅读程序中显示。

选 定 文 字 和 图 形

使用鼠标或键盘可以选择文本和图形，包括不相邻的项。例如，可以同时选择第一页的一段和第三页的一个句子。WPS 文字还提供了其他的方法，用于选定表格中的内容、图形对象或大纲视图中的文本。选择不相邻的项选择所需的第一项，例如表格单元格或段落。按住 Ctrl。继续按住 Ctrl,同时选择所需的其他项。

金山公司的其他产品还有"电子表格——WPS 表格"、"演示文稿——WPS 演示"等。

3. 项目符号练习

(1) 按照"样文三"输入下面的文字,并保存在 F 盘的"实验三"文件夹中,起名为"练习 3-2"。

(2) 按照"样文三"添加项目符号和编号。

【样文三】

○ 使用菜单的键

1. Alt 或 F10:激活或不激活菜单栏中第一个菜单。
2. 带下划线字符键:选择菜单或命令。
3. 左,右箭头键:在菜单之间左右移动。
4. 上,下箭头键:在菜单的命令之间上下移动。
5. 回车键:选择已选定的菜单名或命令。
6. Esc:撤销已选定的菜单名,或关闭打开的菜单。

○ 用光标移动的键

在文本框或应用程序窗口中,以下各键可以移动光标或插入点:

1. Ctrl＋←:向左移动一个单词。
2. Ctrl＋→:向右移动一个单词。
3. Ctrl＋Home:移到文件首。
4. Ctrl＋End:移到文件尾。

○ 编辑键

以下各键用于在对话框或窗口中编辑文本:

1. 退格键:删除插入点左边字符或删除选定文本。
2. Del:删除插入点右边的字符或删除选定文本。
3. Ctrl＋Ins(C):复制选定的文本放入剪贴板中。
4. Shift＋Del 或 Ctrl＋X:删除选定文本,并放入剪贴板中。
5. Ctrl＋Z 或 Alt＋退格键:撤销已做的最后一个编辑动作。
6. Shift＋Ins 或 Ctrl＋V:将剪贴板的内容粘贴到窗口中。

实验四 页 面 设 置

一、实验目的

(1) 学会建立和应用样式。
(2) 掌握页眉页脚的设置。
(3) 学会设置纸张大小和调整页边距。
(4) 了解自动分页和人工分页。

二、实验内容

(1) 在文档中使用样式功能。
(2) 使用页眉页脚。
(3) 设置纸张大小和调整页边距。

三、实验指导

(1) 打开实验三中的"练习 3-2"。
(2) 设置小标题为"标题 1"样式。
(3) 修改"标题 1"样式：文字格式为四号、黑体、蓝色，段前和段后间距为 0.5 行，行距为单倍行距，并用于本文档。
(4) 设置"标题 1"样式具有项目符号"✿"。
(5) 在每个小标题前插入分页符。
(6) 将文档的纸型设置为大 32 开。
(7) 设置奇偶页不同的页眉和页脚。
(8) 在奇数页的页眉左侧输入文字"样式练习"，在右侧插入自动图论文集"第 X 页共 Y 页"。
(9) 在奇数页的页脚中间插入页码，页码格式设置为Ⅰ、Ⅱ、Ⅲ。
(10) 将文件保存在"实验四"文件夹中起名为"练习 4-1"。

实验五 表 格 操 作

一、实验目的

(1) 掌握在文档中绘制表格。
(2) 掌握表格的编辑。
(3) 学会表格的计算。
(4) 学会文本和表格相互转换的方法。

二、实验内容

（1）制作和编辑表格。
（2）表格计算。
（3）文本与表格的相互转换。

三、实验指导

1. 制作基本表格

（1）绘制如"样文四"所示的"课程表"。
（2）整个表格水平居中，表格内的文字水平、垂直居中。
（3）添加标题"课程表"。
（4）按样表设置边框线和底纹。

【样文四】 见图 4-1。

课　程　表

节次＼星期	星期一	星期二	星期三	星期四	星期五
第一节	高数	大语	英语	计算机	听力
第二节	大语	高数	马政	大语	计算机
中　　午					
第三节	英语	体育	自习	法律	英语
第四节	自习	自习	自习	自习	自习

图 4-1　课程表

2. 表格计算

（1）使用工具栏按钮或"表格"菜单命令建立一个如图 4-2 所示的表格。

	一季度	二季度	三季度	四季度
北京	150	173	160	200
上海	155	150	172	180
深圳	148	162	158	195
南京	160	165	152	186

图 4-2　表格

（2）在"南京"行上增加一行数据，标题为"沈阳"，在"四季度"列右侧增加一列，标题为"合计"。
（3）在表格的最后一行后增加一行，标题为"平均"。
（4）设置表格中文字的字体、字号（四号）、中部居中对齐方式，平均分布各行、各列，并调整各列的宽为3厘米、行高为1厘米。

(5) 将"北京"上方的单元格中画斜线,输入文字"季度"和"地区"。

(6) 在"合计"列中使用公式求前几列单元格中数据的和。

(7) 在"平均"行中使用公式求上几行单元格中数据的平均值。

(8) 将文件保存在"实验五"文件夹中,起名为"练习5-2"。

3. 将文本转换为表格

作为学校的教务员,工作之一就是安排考试。眼下一场考试在即,要利用表格功能制作一份"考试安排表"。请用下面给定的文本内容,完成下列要求:

(1) 将图4-3中所给的文字素材转换为图4-4中样文五的表格。

【样文五】

考试安排表

日期	场次	人数	时间
10月5日	第一场	20	8:00-9:00
	第二场	20	9:30-10:30
	第三场	20	11:00-12:00
	第四场	20	13:00-14:00
	第五场	22	14:30-15:30
10月6日	第一场	21	8:00-9:00
	第二场	20	9:30-10:30
	第三场	20	11:00-12:00
	第四场	20	13:00-14:00
	第五场	19	14:30-15:30
10月7日	第一场	20	8:00-9:00
	第二场	20	9:30-10:30
	第三场	18	11:00-12:00
	第四场	20	13:00-14:00
	第五场	21	14:30-15:30
合计		301	

文字素材:

```
10月5日, 第一场, 20, 8:00-9:00
, 第二场, 20, 9:30-10:30
, 第三场, 20, 11:00-12:00
, 第四场, 20, 13:00-14:00
, 第五场, 22, 14:30-15:30
10月6日, 第一场, 21, 8:00-9:00
, 第二场, 20, 9:30-10:30
, 第三场, 20, 11:00-12:00
, 第四场, 20, 13:00-14:00
, 第五场, 19, 14:30-15:30
10月7日, 第一场, 20, 8:00-9:00
, 第二场, 20, 9:30-10:30
, 第三场, 18, 11:00-12:00
, 第四场, 20, 13:00-14:00
, 第五场, 21, 14:30-15:30
```

图4-3 文字素材　　　　图4-4 样文五

(2) 添加表头,各列标题分别为"日期"、"场次"、"人数"、"时间"。

(3) 合并单元格,使一个考试日期对应同一天的各场安排,并设置日期、数据垂直居中对齐。

(4) 利用自动格式或边框底纹工具设置表格,要有全部表格线,对标题行与数据行使用不同的底纹。

(5) 调整单元格高度和宽度,使表格大小与数据宽度刚刚合适。

(6) 设置表中各列数据水平居中对齐。

(7) 在表格中末尾添加一行,在日期列输入"合计"。

(8) 用公式计算本次考试的总人数，填入表格的相应位置中。

(9) 为该表格添加标题“考试安排表”，制作效果如样文五所示。

提示：充分发挥主观能动性，将“考试安排表”制作完成。根据需要，可以使用其他未要求的功能。

(10) 将文件保存在“实验五”文件夹中，起名为“练习 5-3”。

4. 制作不规则表

要求：按照图 4-5 的样张设计表格。

中介费（退款）申请单

<table>
<tr><td>申请人</td><td colspan="2"></td><td>部门</td><td></td><td>日期</td><td></td></tr>
<tr><td rowspan="6">基本内容</td><td>客户名称</td><td colspan="5"></td></tr>
<tr><td>合同号</td><td></td><td>卡片 □</td><td>设备 □</td><td>规格型号</td><td></td></tr>
<tr><td>合同单价</td><td></td><td>数量</td><td></td><td>合同金额</td><td></td></tr>
<tr><td>实际单价</td><td></td><td>应付</td><td></td><td>扣税率</td><td></td></tr>
<tr><td>扣税实付</td><td></td><td>备注</td><td></td><td></td><td></td></tr>
<tr><td colspan="6">附件说明: 有 □ 无 □</td></tr>
<tr><td rowspan="4">提取方式</td><td colspan="6">现金 □ 汇款 □</td></tr>
<tr><td colspan="6">账 号:</td></tr>
<tr><td colspan="6">开 户 行:</td></tr>
<tr><td colspan="6">汇 款 名 称:</td></tr>
<tr><td>部门意见</td><td colspan="6">签名: 日期:</td></tr>
<tr><td>财务部意见</td><td colspan="6">签名: 日期:</td></tr>
</table>

图 4-5 样张

实验六 图片与对象

一、实验目的

(1) 掌握在文档中插入图片和设置图片格式的方法。

(2) 掌握文本框的使用和设置。

(3) 学会艺术字的使用。

(4) 了解自选图形的使用方法。

二、实验内容

(1) 在文档插入图片和设置图片格式。
(2) 插入和设置文本框。
(3) 使用艺术字和自行设计的图形。

三、实验指导

1. 简单的图文混排

(1) 按照"样文六"所示内容输入文本内容。
(2) 按照"样文六"所示完成相应的格式设置。
(3) 查找类别为"建筑"的剪贴画,并选择一张合适的图片插入到文字的左侧,设置环绕方式为"四周型"。
(4) 查找一张合适的图片并插入到诗词的右侧,设置其大小和环绕方式为"浮于文字上方"。
(5) 插入艺术字"作者简介",选择合适的类型、大小,环绕方式设置为"紧密型"。
(6) 在文档的上部插入"星与旗帜"类的自选图形,填充过渡色,并为该自选图形添加文字"古诗欣赏"。
(7) 将文件保存在"实验六"文件夹,起名为"练习 6-1"。

【样文六】

登 鹳 雀 楼
王之涣

白日依山尽,
黄河入海流。
欲穷千里目,
更上一层楼。

✓ 这 首《登鹳雀楼》是历代被传诵的诗篇。它描写了登高望远的情景,歌颂了祖国河山的壮丽,表达了诗人对祖国山河的热爱,同时还蕴含着一定的哲理。

✓ 作者王之涣(公元 668—742 年),唐代诗人。字季陵,原籍晋阳。他的诗意境壮阔,热情奔放。

——摘自《唐诗三百首》

2. 图文混排练习一

（1）录入所给文字。
（2）按照"样文七"排版。

我的心，你不要忧郁

我的心，你不要忧郁，
快接受命运的安排，
寒冬从你那儿夺走的一切，
新春将重新给你带来。

为你留下的如此之多，
世界仍然这般美丽！
一切一切，只要你喜欢，
我的心，你都可以去爱！

——海涅

海　燕

　　乌黑的一身羽毛，光滑漂亮，机灵伶俐，加上一双剪刀似的尾巴，一对劲俊轻快的翅膀，凑成了那样可爱、活泼的一只小燕子。当春间二三月，春风微微地吹拂着，如毛的细雨无因地由天上洒落着，千条万条的柔柳，齐舒了它们的黄绿的眼，红的白的黄的花，绿的草，绿的树叶，皆如赶赴市集者似的奔聚而来，形成了烂漫无比的春天时，那些小燕子，那些伶俐可爱的小燕子，便也由南方飞来，加入这隽妙无比的春景的图画中，为春光平添许多的生趣。小燕子带了它的双剪似的尾，在微风细雨中，或在阳光满地时，斜飞于旷亮无比的天空之上，唧的一声，已由这里的稻田上，飞到了那边的高柳之下了。另外几只却隽逸地在粼粼如波纹的湖面横掠着，小燕子的剪尾或翼尖，偶沾水面一下，那小圆晕便一圈一圈地荡漾了开去。

望庐山瀑布

李白

　　日照香炉生紫烟，遥看瀑布挂前川。
　　飞流直下三千尺，疑是银河落九天。

【样文七】

【样文1】

【样文2】

【样文3】

3. 图文混排练习二

（1）按照样张输入文字。

（2）将"我国的八种国宝植物"插入横排文本框中；并设置字体为宋体，一号；文本框阴影样式为6，填充：预设，漫漫黄沙，文本框线条颜色为金色。

（3）在文中插入"花边.JPG"图片，其高度为5.2厘米、宽度为5.7厘米。

（4）在文中绘制图形，图形式样为"线条"中的"直线"；线型为4.5磅双线。

（5）按照样张添加编号。

（6）对文档进行分栏。

（7）效果如样文八。

【样文八】

我国的八种国保植物

三月十二日是我国的植树节。我国森林覆盖率远低于世界平均值，属少林国家，但我国植物种类繁多，属世界植物种类最多的国家之一。在多达三万余种的植物中，属国家重点保护的有三百五十四种，其中属国家一级保护的有八种。它们是我们的国宝，这八种国保植物分别是：

一．水杉：杉科落叶大乔木，为我国珍贵的孑遗树种之一，被世界生物界誉为活化石；野生分布于四川万县、湖北利川、湖南龙山、桑植一带；树史可追溯至上白垩纪。

二．桫椤：木本蕨类植物，又称"树蕨"，既是观赏植物又是经济树种，是一种高淀粉含量的植物，产于我国南方诸省。

三．银杉：松科常绿乔木，为我国特有的孑遗树种；树史达一千万年以上，在第三纪晚期的冰川活动中几乎灭绝，仅在地处低纬度的我国西南残存。二十世纪五十年代被发现。

四．珙桐：珙桐科落叶乔木，为驰名世界的观赏树种，由于其花宛如栖息的鸽子，因此又被称为"中国的鸽子树"。珙桐成活率低，很难移植，故目前处于日益减少的趋势。

五．金花茶：山茶科小乔木，为我国最珍贵的观赏植物之一。它不仅有绚丽悦目的花朵，其叶还是高级茶料并能入药。它仅产于广西昌宁、东兴两地，目前尚不可移植。

六．人参：五加科多年生草木植物，名贵药材，是我国八种重点保护植物中唯一的草木植物。它仅产于我国东北和朝鲜北部，栽植技术要求高，是有名的经济植物。

七．秃杉：杉科常绿大乔木，是我国最有名的建材树种之一，其木质轻软致密，纹理顺直；产于云南、贵州等地及缅甸北部，但稀少罕见。

八．望天树：龙脑香料常绿大乔木。顾名思义，它有望天之功，树高可达七十余米，是世界上最好的船舶、车辆用材的树种，它仅产于我国西双版纳的原始森林。

实验七 综合练习

一、实验目的

（1）学会综合运用课本所学的排版技术。
（2）学会使用邮件合并制作文档。
（3）学会为长文档制作目录。

二、实验内容

（1）综合运用所学的排版知识。
（2）使用邮件合并功能。
（3）使用目录制作功能。
（4）使用插入公式功能。

三、实验指导

1. 应聘求职书的制作

制作一个应聘求职书并附带个人简历,要求不少于 200 字,可以使用表格。具体要求同本实验中的练习一。

2. 邮件合并——新生录取通知书的制作

学校在录取新生时要给每位被录取的同学发"录取通知书",按要求制作录取通知书,如样文九所示。

【样文九】 见图 4-6。

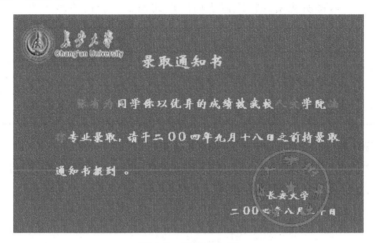

图 4-6 录取通知书

具体要求如下:

(1) 按表 4-1 所给内容建立录取学生的名单表,将该文件保存在 F 盘"实验七"文件夹中,文件名为"新生录取名单.doc"。

表 4-1 新生录取名单

姓名	性别	籍贯	学院	专业
张有为	男	西安	人文	法律
李大有	男	太原	建工	工民建
王小妍	女	北京	建筑	城市规划
…	…	…	…	…

(2) 按所给样张制作出源文件。
(3) 用邮件合并的方法生成每个新生的录取通知书(红色部分为插入域的位置)。
(4) 要求在一页纸张上放两份通知书。

3. 制作手抄报

(1) 利用所学过的排版知识,参考样文十范例制作一份手抄小报。

（2）制作手抄小报，先要确定小报的主题，还要根据主题选择一定数量的稿件素材。素材可以从多种途径获取，比如报纸、杂志，也可以到网上下载。

（3）素材应包括文字内容和一些与主题相关的图片。

（4）制作小报的另一个关键之处，就是版面的布局，布局方法有两种：一是文本框，二是表格。

（5）具体要求：

- 主题要醒目。
- 图文并茂，所选择的图片素材要与文字内容相贴切。
- 不少于15种文本及对象的格式设置。
- 在文档最后，将所使用的格式以表格的形式列出。表格的形式如下：

格式编号	1	2	3	4	5	6	7	8	9	10	11	12	13	14	15
格式名称	字体设置	动态效果	项目符号	页眉页脚	页面边框	文字底纹	对齐方式	段前间距	艺术字	首字下沉	分栏	文本框	悬挂缩进	绘制图形	组合图形

- 版面设计要美观、大方，有良好的视觉效果。
- 将该文档以"学号姓名.doc"为文件名保存在个人计算机中，并通过局域网提交到老师的计算机上或发送电子邮件给老师。

【样文十】 见图4-7。

图4-7 手抄小报

4. 为长文档设置目录

(1) 打开"实验四"文件夹下的文档"练习一"。

(2) 按照常规的目录编制格式进行修饰。要求:按"第一类和1.1、1.2……第二类和2.1、2.2……"进行编号,参看"样文十一"。

(3) 准确标明每一目录项的开始页号。

(4) 为了查看方便,目录与开始页号之间要有连线。

(5) 在文档的前端插入目录,设置格式为"正式",显示级别为"1级"。

(6) 添加标题"Windows操作中键盘的使用"。

【样文十一】 见图4-8。

图4-8 样文格式

5. 公式的使用

按照如下样文输入内容。

定理3 如果函数 $F(x)$ 是连续函数在 $F(x)$ 区间 $[a,b]$ 上的一个原函数,则

$$\int_a^b f(x)\mathrm{d}x = F(b) - F(a)$$

证:已知函数 $F(x)$ 是连续函数 $f(x)$ 的一个原函数,又根据定理2可知,积分上限的函数 $\Phi(x) = \int_a^x f(t)\mathrm{d}t$ 也是 $f(x)$ 的一个原函数,于是这两个原函数之差 $F(x) - \Phi(x)$ 在 $[a,b]$ 上必定是某一个常数 C(第4章第一节),即

$$F(x) - \Phi(x) = C \quad (a \leqslant x \leqslant b)$$

在上式中令 $x = a$,得 $F(x) - \Phi(x) = C$。又 $\Phi(a) = 0$,因此,由 $\Phi(x)$ 的定义式(3)及上节定义积分的补充规定(1)可知,$C = F(a)$。因此,$C = F(a)$。以 $F(a)$ 代(5)式中的 C,以 $\int_a^x f(t)\mathrm{d}t$ 代(5)式中的 $\Phi(x)$,可得 $\int_a^x f(t) = F(x) - F(a)$。在上式中令 $x = b$,就得到所要证明的公式。

第 5 章 演示文稿实验

实验一 演示文稿的制作

一、实验目的

(1) 了解演示文稿的基本操作。
(2) 掌握幻灯片的编辑。
(3) 掌握幻灯片的基本格式设置和美化方法。

二、实验内容

(1) 创建演示文稿文档。
(2) 编辑幻灯片。
(3) 使用基本格式设置和美化幻灯片。

三、实验指导

1. 基本演示文稿的制作

(1) 为演示文稿设置一个自己喜欢的模板,譬如设置"笔记本(Notebook)"应用设计模板。
(2) 添加演示文稿第一页(封面)的内容,使用标题幻灯片,如图 5-1 所示。要求:
① 标题为"个人简历",文字为分散对齐,字体为"华文新魏",60 磅字,加粗。
② 副标题为本人姓名,文字为居中对齐,字体为"宋体",32 磅字,加粗。
(3) 添加演示文稿第二页的内容,使用标题,文本与内容版式如图 5-2 样张 1-2 所示。
要求:

图 5-1 样张 1-1

图 5-2 样张 1-2

① 在左侧使用项目符号编写个人简历。

② 在右侧插入一张剪贴画,并根据页面情况调整好图片的尺寸。

(4) 添加演示文稿第三页的内容,使用标题,文本与内容版式,如图 5-3 所示。要求在左侧使用项目符号编写个人学习经历。

(5) 添加演示文稿第四页的内容,应用标题和内容幻灯片版式,如图 5-4 所示。要求:

① 插入一张个人的课程成绩单。

② 将表格中第一行文字的字体加粗。

③ 将成绩单中 95 分以上的成绩用蓝色字体表示。

④ 使表格中的所有内容呈"居中"对齐。

图 5-3　样张 1-3　　　　　　　　图 5-4　样张 1-4

(6) 播放此演示文稿,并将其保存为"个人简历"。

2. 利用模板制作一个"贺卡"的演示文稿(贺卡.ppt)

(1) 使用"内容提示向导"快速制成一个"贺卡"演示文稿。

(2) 将各页幻灯片中的文字更改成适合自己需求的内容。

(3) 删除第 2、第 8 两页幻灯片。

(4) 将第 4、第 6 两页幻灯片互换位置。

(5) 新插入一页作为贺卡的最后一页幻灯片。

(6) 在新幻灯片中插入一个 MPG 的影视文件,并将其设定为单击后播放的动画效果。

(7) 单独将最后一页幻灯片的背景设置为粉、白双色,斜向上方底纹填充效果,而忽略母版的背景图形。

(8) 播放此演示文稿,并将其保存为"贺卡.ppt"。

实验二 演示文稿的放映

一、实验目的

(1) 掌握幻灯片的基本格式设置和美化方法。
(2) 掌握母版的选用与编辑。
(3) 掌握幻灯片的放映设置。

二、实验内容

(1) 使用基本格式设置和美化幻灯片。
(2) 使用编辑母版。
(3) 设置幻灯片的放映。

三、实验指导

1. 制作宣传学校的演示文稿(学校简介.PPT)

(1) 添加演示文稿第一页(封面)的内容,如图5-5所示。要求:
① 添加标题为"XX学校",设置文字分散对齐、宋体、48(磅)字、加粗、阴影效果。
② 添加副标题为"制作日期",设置文字居中对齐、宋体、32(磅)字、加粗。
③ 插入学校的网址,并超级链接到相应的主页。
④ 插入学校的校徽标志。
⑤ 为学校的校徽标志设置动画播放效果:在单击鼠标后呈"向内溶解"显示。

(2) 添加演示文稿第二页(学校简介)的内容,如图5-6所示。要求:为文字设置动画播放效果。在单击鼠标后"整批发送"、"从底部切入",声音效果为"打字机"。

图5-5 样张2-1   图5-6 样张2-2

(3) 添加演示文稿第三页(介绍专业设置)的内容,如图5-7所示。要求:
① 为每个学院名称设置项目符号">",符号颜色为红色。

②插入校园风景图片。

(4) 添加演示文稿第4～10页(各个学院的详细介绍)的内容,如图5-8所示。要求在每页中插入返回第三页的动作按钮。

图5-7 样张2-3　　　　　　　　　　图5-8 样张2-4

(5) 在第三页幻灯片中,为每个专业名称插入超级链接,链接分别指向每个学院详细介绍的幻灯片(第4～10页)。

(6) 在每张幻灯片的右上角位置加入幻灯片编号,编号字体为宋体、倾斜,字号为24磅。

(7) 设置演示文稿的背景为"白色大理石"的纹理填充效果。

(8) 为幻灯片添加放映时的伴随音乐。

(9) 设置演示文稿为"循环放映"方式。

(10) 将演示文稿保存为"学校简介.PPT"。

2. 设置演示文稿"个人简历"的放映

(1) 打开本章实验一中制作好的"个人简历.PPT"演示文稿。

(2) 将幻灯片尺寸设置为宽度28厘米、高度20厘米。

(3) 设置幻灯片切换效果为"随机"式,速度中速。

(4) 设置幻灯片切换方式为定时每3秒一张。

(5) 设置第四页隐藏不放映。

(6) 设置播放以黑屏结束。

(7) 将演示文稿保存为"简介.PPT"。

实验三 演示文稿综合练习

一、实验目的

对幻灯片制作进行全面复习。

二、实验内容

演示文稿知识点的综合应用。

三、实验指导

制作计算机文化基础课程演示文稿,步骤如下:

(1) 添加演示文稿第一页内容,使用标题幻灯片版式,如图 5-9 所示。要求:

① 添加标题为"计算机文化基础",文字居中对齐、宋体、54(磅)字、加粗,加阴影效果。

② 添加副标题为"计算机基础教学部",文字居中对齐,华文行楷,32(磅)字、加粗。

③ 修改幻灯片母版,插入一幅图片并把它放在左上角。

④ 插入如样张所示"长安大学"艺术字效果,并利用"填充色"按钮为艺术字填充一种渐变效果。

(2) 添加第二张幻灯片,使用标题和文本幻灯片版式,如图 5-10 所示。要求:

① 标题文字居中对齐、宋体、54(磅)字、加粗。

② 输入项目清单,修改项目符号如样张所示。

③ 插入一幅有关电脑的剪贴画图片,并在该图片之后增加一个圆形的背景层。

图 5-9　样张 3-1

图 5-10　样张 3-2

图 5-11　样张 3-3

(3) 参照图 5-11 样张,利用插入图片、艺术字和绘图工具栏制作第三张幻灯片。使用吉祥如意模板。

(4) 添加第四张幻灯片,选择标题和组织结构图版式,制作计算机文化基础课程知识点组织结构图,如图 5-12 样张所示。要求:

① 将标题设置为黑体、60 号字。

② 组织结构图中文字设置为宋体、14号、加粗、居中。

③ 将所有图框的背景设置为浅青绿色。

④ 将所有图框设置为双线条边框效果。
⑤ 插入素材库中装饰元素中的边框图形。
(5) 添加新幻灯片5,选择标题和表格版式,制作如图5-13所示的表格幻灯片。

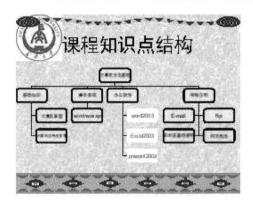

图5-12　样张3-4

图5-13　样张3-5

(6) 调整幻灯片的次序,把第三张幻灯片放到整个文稿最后。
(7) 在第二张幻灯片中为"计算机网络使用基础"设置超级链接效果。当鼠标单击"计算机网络使用基础"文字时,会跳转到"网络天地"这张幻灯片上。在"网络天地"这张幻灯片中还要设置一个"返回"按钮,单击该按钮后可以回到原始位置。
(8) 给幻灯片中的对象设置动画效果。
① 在第一张幻灯片播放时,主标题以百叶窗动画效果出现,单击鼠标后副标题以飞入效果出现,同时可以加上一种声音效果。
② 第二张幻灯片中项目按字母顺序使用颜色打字机动画效果,标题使用飞入效果。
③ "网络天地"幻灯片中的两个图片要求从不同的方向出现。
④ 第四张幻灯片中的组织结构图以闪烁动画效果出现。
(9) 为所有幻灯片设置背景:填充效果,纹理:蓝色面巾纸。
(10) 设置所有幻灯片切换为:随机,中速,单击鼠标换页,风铃声,循环播放。
(11) 将演示文稿保存为"计算机应用基础.PPT"。

第6章 电子表格实验

实验一 工作表的建立

一、实验目的

（1）掌握工作表中数据的输入。
（2）掌握数据的编辑修改。
（3）掌握数据的移动、复制和选择性粘贴。
（4）掌握单元格及区域的插入和删除。
（5）掌握多工作表的操作。

二、实验内容

（1）在工作表中输入数据。
（2）编辑修改数据。
（3）数据的移动、复制和选择性粘贴。
（4）插入和删除单元格。

三、实验指导

1. 输入某小区物业管理水电费收取的原始数据

启动 WPS 表格，在工作表 sheet1 中输入如表 6-1 所示数据，按要求完成下列操作。

表 6-1 物业管理水电费收取原始数据表

	A	B	C	D	E	F	G	H	I	J	K	L
1	房水电管理系统											
2												
3	门牌号	户主	房费	电费				水费				金额
4				上月读数	本月表底	用电量	电费	上月读数	本月表底	用水量	水费	
5		刘建军	221	239	334			454	477			
6		王涛	123	123	342			453	487			
7		李利	213	122	200			322	443			
8		许维恩	166	333	398			33	78			
9		马民	221	432	544			234	288			
10		丛林	123	23	65			221	288			
11		张文	213	124	343			321	354			
12		江水	166	324	456			33	78			
13	合计											
14												
15	电费单价	0.39	水费单价	1.8								

(1) 将工作表 sheet1 改名为"水电费"。
(2) 将 sheet2 改名为"收费标准",并将水电费的单价移动到该表中。
(3) 在水电费表中完成表格填写的操作(门牌号要求为"001,002…"格式)。
(4) 将工作表 sheet3 移动到 sheet1 之前,并改名为"收费单"。
(5) 练习窗口的分割和冻结窗口。
(6) 存盘退出 WPS 表格,命名为"练习 6-1"。

2. 多个班学生基本信息登记表的制作

(1) 利用 WPS 表格,建立表 6-2 所示的工作表,按下列要求操作。
(2) 能使用自动填充的要用自动填充完成。(其中"来源"项要求用自定义填充)
(3) 将此表复制 3 份,工作表名分别命名为"法学一班"、"法学二班"和"法学三班"。
(4) 删除工作簿中的空工作表。
(5) 将工作簿文件保存为"练习 6-2"。

表 6-2 学生基本信息登记表

	A	B	C	D	E	F	G	H
1	编号	姓名	性别	出生日期	身份证号	入学成绩	来源	联系方式
2	001	三毛	女	2006年11月19日	610102199801012000	456	一中	无
3	002	李傲	男	2006年11月20日	101005199702041111	444	二中	无
4	003	张爱玲	女	2006年11月21日	101005199702041111	521	三中	无
5	004	大黄	男	2006年11月22日	600512199805211987	666	四中	无
6	005	刘风	男	2006年11月23日	340201199811122005	598	一中	无
7	006	诸葛亮	男	2006年11月24日	450106199908121001	500	二中	无
8	007	刘备	男	2006年11月25日	610206199810255033	364	三中	无
9	008	关羽	男	2006年11月26日	560103199708211001	364	四中	无
10	009	张飞	男	2006年11月27日	130302199812122045	364	一中	无
11	010	赵云	男	2006年11月28日	510201199809041005	364	二中	无
12	011	马超	男	2006年11月29日	750208199808082008	364	三中	无
13	012	黄忠	男	2006年11月30日	410103199811112561	364	四中	无
14	012	刘晓庆	男	2006年12月1日	120407199812252314	364	一中	无

实验二 工作表的编辑和格式化

一、实验目的

(1) 掌握工作表的基本编辑方法。
(2) 掌握行、列、单元格的插入和删除方法。
(3) 掌握工作表数据格式的设置方法。

二、实验内容

(1) 编辑与修改工作表。
(2) 使用格式设置美化数据表。

三、实验指导

1. 编辑美化"学生基本信息登记表"

打开本章实验一中保存的工作簿文件"练习 6-2",在"法学一班"工作表中进行下列操作。

(1) 在工作表的第一行前插入一行。

(2) 在单元格中输入标题"学生基本信息登记表",将标题居中。

(3) 删除"大黄"所在的行。

(4) 在入学成绩列后加入一列,列标题为"政治面貌"。

(5) 将自己的信息添加到所有数据的第一行。

(6) 使表格标题与表格空一行,然后将表格标题设置成红色、隶书、加粗、20磅大小、双下划线,并采用合并及居中对齐方式。

(7) 将表格各栏标题设置成粗体、居中。

(8) 将表格中的"入学成绩"设置成保留1位小数。

(9) 设置表格边框线:外框为最粗的单线,内框为最细的单线。

(10) 设置单元格填充色(颜色自定)。

(11) 对"入学成绩"列设置条件格式:入学成绩≤=400的蓝色、加粗斜体;入学成绩＞500的采用宝石蓝底纹,红色加粗字体。

(12) 将各列宽度设置为"最适合的列宽"。

(13) 将表格标题栏的行高设置为25磅,并将该栏的文字水平垂直居中。

(14) 将格式化后工作簿文件另存为"练习6-3"。

2. 制作"小组评比表"

按照表6-3样例创建工作表,并按下列要求设置格式。

表6-3 小组评比表

(1) 表格标题的字体为14号黑体加粗、深蓝色。在整个表格宽度上合并及居中,填充色为淡蓝色。

(2) 列标题区域填充色为深蓝色,字体为白色、10号宋体。

(3) 按样张对部分单元格合并及居中,12个月份列的列宽为2。

(4) 按样张为表格添加边框(包括斜线)。列标题区域内边框线为白色,其余内边框线为深蓝色细线,外边框为深蓝色粗线。

(5) 表格中字体为 10 号宋体深蓝色,数字区域设置为数值格式,保留 1 位小数,填充色为淡蓝色。

(6) 按样张设置各单元格和区域的对齐方式。

(7) 将工作簿文件保存为"练习 6-4"。

实验三　公式和函数的应用

一、实验目的

(1) 掌握 WPS 表格公式的使用方法。
(2) 掌握 WPS 表格常用工作表函数的功能及语法。
(3) 掌握工作表函数的使用方法。
(4) 掌握绝对地址的使用方法。

二、实验内容

(1) 使用公式完成表格计算。
(2) 使用函数完成表格计算。
(3) 练习 SUM、COUNT、MAX、MIN、IF、SUMIF、DSUM 等函数的使用。

三、实验指导

1. 完成小区物业管理"水电费收取"表的计算

打开本章实验一中保存的工作簿文件"练习 6-1",在工作表中进行下列操作。

(1) 计算每户的用电量、用水量(用电量＝本月表底－上月读数)。
(2) 利用"收费标准表",计算每个用户的水费、电费,要求用绝对地址引用,不可以直接引用数值。
(3) 计算每户的水电费总和填入"金额"列。(金额＝水费＋电费＋房费)
(4) 在"合计"行的相应单元格中,计算"用电量"、"电费"、"用水量"、"水费"和金额列的总合。
(5) 各种费用保留两位小数,各种用量保留一位小数。
(6) 按自己的喜好对表格进修适当的修饰。
(7) 将"门牌号"、"户主"、"房费"、"电费"、"水费"和"金额"列复制到工作表"收费单"中。
(8) 在工作表"收费单"中,利用"选择性粘贴"将每户的电费增加 10%。
(9) 将工作簿文件保存为"练习 6-5"。

2. 利用常用函数完成"学生成绩表"的计算

按照表 6-4 样例创建工作表并完成下列操作。

表 6-4 学生成绩表

	A	B	C	D	E	F	G	H	I	J
1					成绩表					
2	序号	姓名	数学	语文	英语	物理	化学	总分	平均成绩	合格否
3		张平	98	86	88	82	84			
4		王一	83	95	87	80	92			
5		周利	78	85	92	90	79			
6		阎维	88	76	78	85	86			
7		王斌	82	79	83	74	87			
8		力强	86	90	78	89	90			
9		王子天	56	68	63	85	84			
10		风尚古	95	58	85	75	67			
11		霏霏	65	79	52	69	92			
12		成方	76	64	49	71	68			
13		张春昌	84	91	75	69	79			
14		夏小音	73	75	90	78	82			
15	最高分									
16	最低分									

（1）利用函数计算"总分"和"平均成绩"。
（2）求出每门科目的最高分和最低分。
（3）求出总分的最高分和最低分。
（4）在序号列输入"001～012"。
（5）统计这个班的人数将结果放入 J15 单元格中。
（6）在"序号"左侧插入一列，列标题为"名次"。用函数 rank 计算每个人的名次。
（7）将各科成绩不及格的用蓝色显示，90 分以上的用红色显示。
（8）根据每个同学的"平均成绩"，用 IF 函数填写"合格否"列的内容。如果平均成绩在 60 分以上填写"合格"，否则填写"不合格"。
（9）将工作簿文件保存为"练习 6-6"。

3．利用 DSUM 和 SUMIF 完成数据表的计算

启动 WPS 表格，建立如表 6-5 样张所示工作表，按要求完成下列操作。

表 6-5 软件管理数据表

	A	B	C	D	E
1	个人CD软件包管理数据库				
2	序号	软件包名	系统环境	类别	张数
3	1	赛车游戏	Windows	娱乐	2
4	2	赛车游戏	DOS	娱乐	1
5	3	棋类游戏	Windows	文化	1
6	4	棋类游戏	DOS	娱乐	1
7	5	网络工具	UNIX	网络	1
8	6	绘图工具	Windows	多媒体	2
9	7	WPS	DOS	应用软件	1
10	8	WPS	Windows	应用软件	1
11	9	MS Office	Windows	应用软件	1
12	10	MS Paintsh	Windows	多媒体	1
13	11	四通利方	Windows	系统	1
14	12	中文之星	Windows	系统	1
15	13	方正排版系	DOS	应用软件	1
16	14	北大维思	Windows	应用软件	1
17	15	多媒体制作	Windows	多媒体	3
18	16	网络工具	Windows	网络	2
19	17	JAVA工具	UNIX	网络	1

(1) 分别使用 DSUM 和 SUMIF 函数分类汇总下列数据。

① 一次完成分类汇总 Windows 系统环境中的"网络"与"多媒体"两类 CD 总张数，分别限定区域 G4:H6 和单元 I5 作为数据库分类汇总条件区域和 DSUM 函数输入单元。

② 一次完成分类汇总 Windows 系统环境中"系统"与"应用软件"两类 CD 总张数，分别限定区域 G9:H11 和单元 I10 作为数据库分数汇总条件区域和 DSUM 函数输入单元。

③ 一次完成分类汇总 Windows 系统环境中"文化"与"娱乐"两类 CD 总张数，分别限定区域 G14:H16 和单元 I15 作为数据库分类汇总条件区域和 DSUM 函数输入单元。

(2) 对表格进行简单的修饰（字体、字号、边框等）。

(3) 将工作簿文件保存为"练习 6-8"。

4. 使用 loopup 函数完成数据表的计算

某单位要举行一次长跑竞赛，根据比赛成绩，为所有参赛者评定一个等级，以利于分级锻炼。还要为参赛者打一个分，以便计算各部门的总分，评比长跑优秀部门。经测试，表 6-6 所示 3000 米成绩表保存在工作表 sheet1 中，表 6-7 所示等级和分数评定标准表保存在工作表"sheet2"中。

表 6-6 3000 米长跑成绩和等级表

	A	B	C	D	E	F
1	3000 米长跑成绩和等级表					
2	序号	姓名	部门	成绩	等级	分数
3	2	李迅	财务科	15.10		
4	8	郭序	财务科	15.80		
5	9	黎平	财务科	13.30		
6	15	孙佳	财务科	23.00		
7	3	宋立平	供销科	16.00		
8	6	赵美娜	供销科	14.50		
9	7	许树林	供销科	16.00		
10	4	张国华	设计科	13.40		
11	5	张萍	设计科	21.00		
12	12	吴非	设计科	20.80		
13	13	任明	设计科	19.30		
14	14	钱雨平	设计科	25.00		
15	1	王起	生产科	20.20		
16	10	朱丹丹	生产科	17.00		
17	11	李大朋	生产科	18.20		

表 6-7 等级、分数评定标准表

	A	B	C	D
1	等级、分数评定标准表			
2	成绩（分）	等级	分数	注解
3	12	A	100	小于14分，大于等于12分
4	14	B	90	小于16分，大于等于14分
5	16	C	80	小于18分，大于等于16分
6	18	D	70	小于22分，大于等于18分
7	22	E	60	小于26分，大于等于22分
8	26	F	50	大于等于26分

(1) 查找、填充 sheet1 的"等级"和"分数"列的值。使用公式根据表中每个人的"成绩"，自动查找"sheet2"中"等级"和"分数"标准表中的相应等级和分数，并填充在 sheet1 "等级"和"分数"列中。查找功能可以使用 loopup 或类似函数。等级和分数标准表在"sheet2"中。

(2) 对工作表 sheet1 的"分数"列按"部门"进行分类汇总。

(3) 用 sheet1 的分类汇总数据制作一个簇状柱形图表。图表标题为："各部门长跑成绩图"，部门作为分类(X)轴，部门名称作为分类轴名称，分类轴名称设为楷体，10 号字，分数作为系列，系列名称为"分数"，数据标志设为"显示值"。

实验四　数据图表化

一、实验目的

(1) 掌握图表的创建方法。
(2) 掌握图表的编辑方法。
(3) 掌握图表的格式化方法。

二、实验内容

(1) 创建和编辑图表。
(2) 美化图表。

三、实验指导

1. 根据所给数据表制作图表

启动 WPS 表格创建如表 6-8 所示的数据表，并完成以下操作。

表 6-8　销售报告表

姓　　名	一月	二月	三月	四月
张　三	1100	1750	1400	1500
马　丽	1540	2000	1760	1360
李宏伟	1230	1450	1560	1670
韩香枚	1770	1440	1550	1450
丁罗昌	1900	1430	1450	1870

(1) 对表格中的所有职工的数据，在当前工作表中创建如图 6-1 所示的条形圆柱图图表"图表 1"，图表标题为"销售报告表"。

(2) 对"图表 1"进行编辑操作。

① 将该图表移动到数据表以下并进行适当放大，然后将图表类型改为簇状柱形圆柱图。

② 将图表中三月和四月的数据系列删除，然后再将其添加到图表中，并使四月的数据系列位于一月数据系列的前面。

③ 为图表中四月的数据系列增加以值显示的数据标记。

④ 为图表添加分类轴标题"姓名"及数值轴标题"销售额"。

(3) 对创建的图表进行格式化操作。

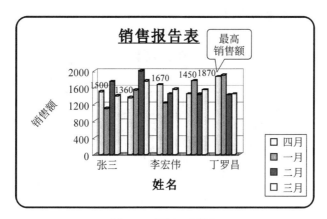

图 6-1 "图表1"样张

① 将图表区的字体大小设置为 11 号,并选用最粗的圆角边框。
② 将图表标题"销售报告表"设置为粗体、14 号、单下划线;将分类轴标题"姓名"设置为粗体、11 号;将数值轴标题"销售额"设置为粗体、11 号、45 度方向。
③ 将图例的字体改为 10 号,边框改为带阴影边框;并将图例移到图表区的右下角。
④ 将数值轴的主要刻度间距改为 400,字体大小设置为 10 号;将分类轴的字体大小设置为 10 号。
⑤ 取消背景墙区域的图案。
⑥ 将四月数据标记的字号设置为 12 号、上标效果。
⑦ 按样张所示,在图表中加上指向最高的标注。标注字体设置为 10 号,并添加 25% 的灰色图案。
(4) 将工作簿文件保存为"练习 6-8"。

2. 制作常用水果蛋白质含量的饼形图

输入表 6-9 中的内容,完成以下操作。

表 6-9 常用水果营养成分表

成分\水果	番茄	蜜桔	西瓜	红枣	平均含量
水分	95.91	88.36	84.64	90.72	89.908
蛋白质	0.80	0.74	0.50	1.25	0.823
脂肪	0.34	0.13	0.57	0.64	0.420
碳水化合物	2.25	10.01	13.08	19.55	11.223
热量	15.00	44.00	58.00	88.00	51.250

(1) 标题"常用水果营养成分表"采用楷体、18 磅字、合并及居中。
(2) 计算水果的各成分的平均含量。
(3) 计算数据保留 3 位小数,居中存放。
(4) 对表格按样张格式化。

(5) 根据样表中各水果的蛋白质含量创建饼型图表,见图 6-2。

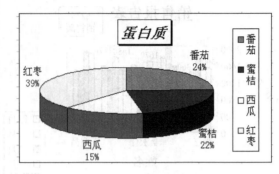

图 6-2　图表样张

(6) 加百分号数据标记;按样张格式化:对蛋白质含量最高者加重点数据突出,图表区和图表标题填充底纹见样张。

(7) 将工作簿文件保存为"练习 6-9"。

实验五　数据管理及页面设置

一、实验目的

(1) 掌握数据列表的排序、筛选方法。
(2) 掌握数据的分类汇总方法。
(3) 掌握数据透视表的操作方法。
(4) 掌握页面设置方法。

二、实验内容

(1) 数据列表的排序、筛选操作。
(2) 数据的分类汇总。
(3) 数据透视表的操作。
(4) 页面设置。

三、实验指导

对职工信息表完成各种数据分析的操作。启动 WPS 表格,按照表 6-10 创建工作表,在工作表中完成下面的操作。

(1) 将该工作表复制 9 份,把 10 个工作表名称分别为"排序 1"、"排序 2"、"筛选 1"、"筛选 2"、"筛选 3"、"高级筛选"、"分类汇总 1"、"分类汇总"和"数据透视"。

(2) 在工作表"排序 1"中,完成先按部门升序,同一部门再按基本工资降序排序。

(3) 在工作表"排序 2"中,完成按学历排序,要求排列顺序为:博士、硕士、大学、大专、中专。

表 6-10　职工信息表

	A	B	C	D	E	F	G	H	I
1									
2									
3		编号	姓名	性别	出生年月	职称	部门	文化程度	基本工资
4		0103	陈红	女	1976-2-3	助教	网络实验室	大学	270.00
5		0202	冯卫东	男	1960-1-24	讲师	硬件中心	中专	440.00
6		0302	何兵	女	1952-11-23	副教授	软件中心	硕士	560.00
7		0408	景平	女	1950-7-7	研究员	多媒体实验室	大学	500.00
8		0306	吕一平	男	1963-3-12	工程师	软件中心	大学	360.00
9		0102	王军	男	1938-11-23	高工	网络实验室	大学	720.00
10		0107	陶玉蓉	女	1979-7-8	助工	网络实验室	中专	240.00
11		0211	王磊	男	1971-7-26	高工	硬件中心	硕士	480.00
12		0401	吴天明	男	1970-2-3	研究员	多媒体实验室	博士	800.00
13		0412	陈小刚	男	1968-11-23	工程师	多媒体实验室	大学	340.00
14		0104	许梅玉	女	1954-5-7	研究员	网络实验室	大学	500.00
15		0209	杨帆	男	1975-4-26	助工	硬件中心	大专	220.00
16		0210	张华	男	1956-6-9	高工	硬件中心	大学	460.00
17		0305	赵小山	男	1967-7-10	工程师	软件中心	大专	330.00
18		0307	梅小燕	女	1970-7-24	工程师	软件中心	大专	300.00
19		0416	张强	男	1934-12-11	教授	多媒体实验室	大学	820.00
20		0308	杨小兰	女	1954-2-13	副教授	软件中心	大学	500.00
21		0115	朱惠	女	1968-8-12	研究员	网络实验室	博士	600.00

提示：用自定义序列排序。

（4）在工作表"筛选1"中完成，显示"网络实验室"的"研究员"信息。

（5）在工作表"筛选2"中，完成显示1960年1月1日以前出生的基本工资大于等于300元并且小于等于500元的职工信息。

（6）在工作表"筛选3"中，完成分别显示工资最高和最低的职工的信息。

（7）在工作表"筛选4"中完成，显示所有姓"陈"员工的信息。

（8）在工作表"高级筛选"中，完成，将软件中心且基本工资在500元以上人员的筛选结果存放到A22为开始单元格的区域。

（9）在工作表"分类汇总1"中，完成汇总出各部门职工人数。

（10）在工作表"分类汇总2"中，完成汇总出各学历的平均基本工资。

（11）在工作表"数据透视"中利用"数据透视表"统计各部门男女职工的人数及平均基本工资。

（12）将工作簿文件保存为"练习6-10"。

实验六　WPS表格综合练习

一、实验目的

通过综合练习，对WPS表格操作进行全面的复习。

二、实验内容

WPS表格知识点的综合应用。

三、实验指导

按照表6-11创建工作表，在工作表中完成下面的操作。

表 6-11　第一学期统计分析表

	A	B	C	D	E	F	G	H	I	J	K
1	第一学期成绩统计分析表										
2	学号	姓名	出生日期	是否党员	大学英语	高等数学	大学语文	计算机基础	总分	平均分	名次
3	980906	马晓敏	1987年5月7日	FALSE	59	49	60	56			
4	980907	王平	1990年2月3日	FALSE	81	89	78	88			
5	980910	刘鹏飞	1984年8月17日	TRUE	98	87	81	90			
6	980904	张芳丽	1988年12月6日	FALSE	65	89	97	74			
7	980901	李丽丽	1989年4月3日	FALSE	60	60	70	71			
8	980909	杨明明	1989年11月15日	FALSE	78	87	47	90			
9	980908	陈勇强	1990年2月1日	FALSE	96	88	99	87			
10	980905	陈然	1990年8月9日	TRUE	84	86	81	93			
11	980902	赵瑾	1989年10月1日	FALSE	56	73	81	92			
12	980903	高玉明	1987年4月28日	TRUE	64	76	88	83			

（1）将 60 分以下和 90 分以上的成绩分别用不同的颜色显示。
（2）计算总分、名次、平均分、最高分和最低分。
（3）按总分对表格进行降序排列。
（4）在第一行前插入一行。
（5）为该表增加标题"第一学期成绩统计分析表"。
（6）合并 A1:H1 单元格。
（7）将表中的"FALSE"替换为"否"，"TRUE"替换为"是"。
（8）为表格设置边框线，并为标题行添加底纹。
（9）将所有的数字设置为居中。
（10）计算及格率和优秀率。
（11）所有平均分保留一位小数，及格率和优秀率设置为百分数格式。
（12）在工作表 sheet1 中增加一条记录，姓名为自己的名字，成绩自定。
（13）将工作表 sheet1 改名为"成绩统计分析表"，结果如表 6-12 所示。

表 6-12　成绩统计分析表

	A	B	C	D	E	F	G	H	I	J	K
1	第一学期成绩统计分析表										
2	学号	姓　　名	出生日期	是否党员	大学英语	高等数学	大学语文	计算机基础	总分	平均分	名次
3	980901	李　丽　丽	1989年9月30日	否	19	60	70	71	220	55	10
4	980902	赵　　瑾	1989年10月1日	否	56	73	81	92	302.0	75.5	8
5	980903	高　玉　明	1987年4月28日	是	64	76	88	83	311.0	77.75	7
6	980904	张　芳　丽	1988年12月6日	否	66	89	97	74	326.0	81.5	5
7	980905	陈　　然	1990年8月9日	是	84	86	81	93	344.0	86	3
8	980906	马　晓　敏	1987年5月7日	否	69	49	60	56	234.0	58.5	9
9	980907	王　　平	1990年2月3日	否	81	89	78	88	336.0	84	4
10	980908	陈　勇　强	1990年2月1日	否	96	88	99	87	370.0	92.5	1
11	980909	杨　明　明	1989年11月15日	否	89	87	47	90	313.0	78.25	6
12	980910	刘　鹏　飞	1984年8月17日	是	98	87	81	90	356.0	89	2
13		平　均　分			72	78	78	82	311.2	77.8	
14		最　高　分			98	89	99	93			
15		最　低　分			19	49	47	56			
16		及　格　率			80.00%	90.00%	90.00%	90.00%			
17		优　秀　率			20.00%	0.00%	20.00%	40.00%			
18		90～100(人)			2	0	2	4			
19		80～89(人)			3	6	4	3			
20		70～79(人)			0	2	2	2			
21		60～69(人)			3	1	1	0			
22		0～59(人)			2	1	1	1			

(14) 根据此表制作出有关总分的柱型图表。
(15) 在图表上标出最高分数同学的姓名和成绩,并将其柱形填充成红色。
(16) 修饰美化所做的图表。
(17) 新建一个工作表,起名为"各科成绩等级表"。
(18) 复制"成绩统计分析表"中的 A1:H11 单元格到工作表"各科成绩等级表"中。
(19) 在"各科成绩等级表"中删除各科的成绩,并根据"成绩统计分析表"用 IF 函数填入相应的等级"优、良、中、及格、不及格",结果如表 6-13 所示。
(20) 将工作簿文件保存为"练习 6-11"。

表 6-13 各科成绩等级表

	A	B	C	D	E	F	G	H
1	第一学期成绩统计分析表							
2	学号	姓	名	出生日期	是否党员	大学英语	高等数学	大学语文	计算机基础
3	980901	李	丽丽	1989年9月30日	否	不及格	及格	及格	中
4	980902	赵	瑾	1989年10月1日	否	不及格	中	良好	优秀
5	980903	高	玉明	1987年4月28日	是	及格	中	良好	良好
6	980904	张	芳丽	1988年12月6日	否	及格	良好	优秀	中
7	980905	陈	然	1990年8月9日	是	良好	良好	良好	优秀
8	980906	马	晓敏	1987年5月7日	否	及格	不及格	及格	不及格
9	980907	王	平	1990年2月3日	否	良好	良好	中	良好
10	980908	陈	勇强	1990年2月1日	否	优秀	良好	优秀	良好
11	980909	杨	明明	1989年11月15日	否	良好	良好	不及格	优秀
12	980910	刘	鹏飞	1984年8月17日	是	优秀	良好	良好	优秀

第二篇

习 题

第 1 章 计算机基础习题

1.1 习　　题

一、单选题

1. 下面的叙述中,(　　)是正确的。
   A. 激光打印机是击打式打印机
   B. 软磁盘驱动器是存储器
   C. 所有微机上都可以使用的软件称为应用软件
   D. 操作系统是用户与计算机之间的接口

2. 下面的叙述中(　　)是错误的。
   A. 重要的文件一定要在硬盘中备份
   B. 微型机应经常处于运行状态,避免长期闲置不用
   C. 微型机在搬动时,应将硬盘磁头"复位"并关机
   D. 微型机在使用时,应避免频繁开关

3. 计算机磁盘驱动器的指示灯亮时,(　　)。
   A. 可以打开该驱动器开关,关闭主机电源
   B. 不能打开该驱动器开关和关闭主机电源
   C. 可以打开驱动器开关,取出磁盘
   D. 可以关闭主机电源,打开该驱动器开关

4. 随着计算机硬件的发展,软件的开发与应用也在不断出新,其中 CAD 是指(　　)。
   A. 计算机辅助设计　　　　　　　B. 计算机辅助教学
   C. 自动控制系统　　　　　　　　D. 计算机辅助制造

5. 计算机是一种能快速、自动进行数值计算和信息处理的计算工具。其特点是具有快速、准确、通用和(　　)的功能。
   A. 逻辑判断　　B. 资源共享　　C. 集成度高　　D. 人工智能

6. 计算机的发展大致可分为电子管、晶体管、集成电路和(　　)四代,并正在向第五代或称为新一代发展。
   A. 多媒体　　B. 大规模集成电路　　C. 网络化　　D. 微型化

7. 显示器的分辨率高低表示（　　）。
   A. 在同一字符面积下，所需像素点越多，其分辨率越低
   B. 在同一字符面积下，所需像素点越多，其显示的字符越不清楚
   C. 在同一字符面积下，所需像素点越多，其分辨率越高
   D. 在同一字符面积下，所需像素点越少，其字符的分辨效果越好

8. 目前计算机最具有代表性的应用领域有：科学计算、数据处理、过程控制、辅助设计及（　　）。
   A. 文字处理　　　B. 办公自动化　　　C. 操作系统　　　D. 人工智能

9. 计算机的应用已渗透到各个领域，而计算机最初的应用属于（　　）。
   A. 数据处理　　　B. 人工智能　　　C. 科学计算　　　D. 过程控制

10. 发展到今天的各种计算机仍是基于（　　）提出的基本工作原理。
    A. 布尔　　　B. 香农　　　C. 冯·诺依曼　　　D. 威尔克斯

11. 计算机系统由（　　）组成。
    A. 硬件系统和应用软件　　　B. 外部设备和软件系统
    C. 硬件系统和软件系统　　　D. 主机和外部设备

12. 计算机之所以能够按照人的意图自动地进行操作，主要是因为采用了（　　）。
    A. 高速的电子组件　　　B. 高级语言
    C. 二进制编码　　　D. 存储过程控制

13. 计算机硬件系统由（　　）组成。
    A. 控制器、运算器、存储器、输入设备和输出设备
    B. 控制器、加法器、RAM存储器、输入设备和输出设备
    C. 中央处理器、运算器、存储器、输入设备和输出设备
    D. CPU、外存储器、输入设备和输出设备

14. 计算机的主机是指（　　）。
    A. 内存与中央处理器　　　B. 运算器和控制器
    C. 主内存　　　D. 中央处理器和外存

15. CPU是计算机的处理核心，它由（　　）组成。
    A. 运算器和存储器　　　B. 运算器和控制器
    C. 输入和输出设备　　　D. 主机和外部设备

16. 微机中的运算器主要功能是进行（　　）。
    A. 算术运算　　　B. 逻辑运算
    C. 初等函数运算　　　D. 算术运算和逻辑运算

17. "裸机"是指（　　）计算机。
    A. 无产品质量保证书　　　B. 只有软件没有硬件
    C. 没有包装　　　D. 只有硬件没有软件

18. 系统软件的功能之一是（　　）。
    A. 取代硬件　　　B. 保证硬件不会损坏
    C. 进行对硬件的管理　　　D. 保证硬件不会发生故障

19. 应用软件是指（　　）。
    A. 所有能够使用的软件
    B. 专门为某一应用目的而编制的软件
    C. 能被各应用单位共同使用的某种软件
    D. 所有微机上都应使用的基本软件
20. 操作系统的作用是（　　）。
    A. 把源程序译成目标程序　　　　B. 实现软硬件的转接
    C. 管理计算机的硬件设备　　　　D. 控制和管理系统资源的使用
21. 下列软件中（　　）不是系统软件。
    A. WPS　　　B. 故障诊断程序　　C. 操作系统　　D. C 编译程序
22. 以下（　　）组中的两个软件都是系统软件。
    A. DOS 和 MIS　　　　　　　　B. WPS 和 XENIX
    C. DOS 和 Windows　　　　　　D. UNIX 和 MIS
23. 单位的人事档案管理软件属于（　　）。
    A. 工具软件　　B. 应用软件　　C. 系统软件　　D. 字表处理软件
24. 计算机能直接识别和执行的程序是（　　）。
    A. 源程序　　　B. 汇编语言程序　C. 机器语言程序　D. 低级语言程序
25. 使用高级语言编写的应用程序称为（　　）。
    A. 编译程序　　B. 解释程序　　C. 目标程序　　D. 源程序
26. 下列说法中,正确的是（　　）。
    A. 存储一个汉字和存储一个英文字符所占用的存储容量是一样的
    B. 计算机只能进行算术运算
    C. 计算机中数据的输入/输出都使用二进制
    D. 计算机中数据的存储和处理都使用二进制数
27. 汇编程序、编译程序和解释程序都是（　　）。
    A. 语言编辑程序　　　　　　　B. 语言处理程序
    C. 目标程序　　　　　　　　　D. 语言连接
28. 计算机能直接执行的程序在机器内是以（　　）形式存在的。
    A. BCD 码　　B. 二进制码　　C. ASCII 码　　D. 十六进制码
29. 机器语言的每一条指令均是（　　）。
    A. 用 0 和 1 组成的一串机器代码　　B. 由 DOS 提供的命令组成
    C. 任何机器都能识别的指令　　　　D. 用 ASCII 码定义的一串代码
30. 用机器语言编写的程序（　　）。
    A. 编写时方便、易读、易查,运算时速度快
    B. 编写时方便、易读,却不易检查错误,但运算时速度很快
    C. 编写时不方便、不易读、不易查,但运算时速度很快
    D. 编写时不方便、不易读、不易查,运算时速度也很慢

31. 编译程序是（　　）。
    A. 对目标程序装配连接　　　　　　　B. 将源程序翻译成机器语言
    C. 将汇编语言翻译成机器语言　　　　D. 将源程序边解释边执行
32. 可以逐行读取、翻译并执行源程序的是（　　）。
    A. 操作系统　　　B. 解释程序　　　C. 编译程序　　　D. 组译程序
33. 系统软件中最基本的是（　　）。
    A. 文字管理系统　　　　　　　　　　B. 操作系统
    C. 数据库管理系统　　　　　　　　　D. 文件处理系统
34. 最贴近硬件的系统软件应是（　　）。
    A. 文件处理系统　B. 编译系统　　　C. 操作系统　　　D. 服务程序
35. 下面的叙述中，（　　）是正确的。
    A. 外存中的信息可直接被CPU处理
    B. 键盘是输入设备，显示器是输出设备
    C. 操作系统是一种很重要的应用软件
    D. 计算机中使用的汉字编码和ASCII码是一样的
36. 计算机一般按（　　）进行分类。
    A. 运算速度　　　B. 字长　　　　　C. 主频　　　　　D. 内存
37. 微机中常说8位、16位、32位机一般指微机CPU的（　　）。
    A. 字长　　　　　B. 总线　　　　　C. 主频　　　　　D. 数据总线
38. 一台计算机的字长是16位，它表示（　　）。
    A. 在存储单元中，所有的信息都是由十六位的二进制数来表示和存取的
    B. 原由8位二进制数定义的ASCII码现由16位来定义
    C. 原信息由二进制数存储的，现由十六进制数存储
    D. CPU能同时处理的二进制数据的位数是16位
39. 下面关于解释程序和编译程序的说法，正确的是（　　）。
    A. 解释程序能产生目标程序，而编译程序不能产生目标程序
    B. 解释程序不能产生目标程序，而编译程序能产生目标程序
    C. 解释程序和编译程序都能产生目标程序
    D. 解释程序和编译程序都不能产生目标程序
40. 微型计算机的性能主要由（　　）来评价。
    A. 主板的价钱　　B. CPU的性能　　C. 内存大小　　　D. 规格
41. 防止软盘感染病毒的有效方法是（　　）。
    A. 不要把软盘和有病毒软盘放在一起　B. 保持机房清洁
    C. 将软盘写保护　　　　　　　　　　D. 定期对软盘格式化
42. 用MIPS来衡量的计算机性能指标是（　　）。
    A. 处理能力　　　B. 存储容量　　　C. 可靠性　　　　D. 运算速度
43. 计算机的主频是衡量计算机性能的重要指标，它是指（　　）。
    A. 计算机的运算速度　　　　　　　　B. CPU时钟频率

C. 数据传送速度 　　　　　　　　D. 数据存取速度

44. 在计算机内部,用来传送、存储、加工处理的数据或指令都以(　　)形式进行。
　　A. 二进制数　　B. 八进制数　　C. 十进制码　　D. 十六进制码

45. ASCII 码是表示(　　)的代码。
　　A. 西文字符　　　　　　　　　B. 浮点数
　　C. 汉字和西文字符　　　　　　D. 各种文字

46. 十进制数 511 的二进制数是(　　)。
　　A. 111101110　B. 100000000　C. 10000001　D. 111111111

47. 十进制数 269 转换成十六进制数是(　　)。
　　A. 10E　　　　B. 10D　　　　C. 10C　　　　D. 10B

48. 二进制数 10100111 转换为十进制数为(　　)。
　　A. 334　　　　B. 166　　　　C. 167　　　　D. 335

49. 在不同进制的四个数中,最大的一个数是(　　)。
　　A. $(11011001)_2$　B. $(137)_8$　C. $(A7)_{16}$　D. $(87)_{10}$

50. 下列四个数中最小的是(　　)。
　　A. $(1AC)_{16}$　B. (620)　C. $(298)_{10}$　D. $(110001000)_2$

51. 下列四个数中最大的是(　　)。
　　A. $(6F)_{16}$　B. (1010111)　C. $(137)_8$　D. $(64)_{10}$

52. 以下四个数虽然未标明属于哪一种数制,但可以断定(　　)不是八进制数。
　　A. 1101　　　　B. 2325　　　　C. 7286　　　　D. 4357

53. 以下四个数虽然未标明属于哪一种数制,但可以断定(　　)不是十六进制数。
　　A. 1101　　　　B. 232G　　　　C. 72B6　　　　D. ABCD

54. 微型处理器是把(　　)作为一整体,采用大规模集成电路工艺,在一块或几块芯片上制成的中央处理器。
　　A. 运算器和存储器　　　　　　B. 运算器和控制器
　　C. 输入和输出设备　　　　　　D. 主机和外设

55. 微型计算机通常由 CPU、(　　)等几部分组成。
　　A. 存储器和 I/O 设备　　　　　B. UPS、控制器
　　C. 运算器、控制器、存储器和 UPS　　D. 运算器、控制器、存储器

56. 在微机的性能指标中,用户可用的内存储容量通常是指(　　)。
　　A. RAM 的容量　　　　　　　B. ROM 的容量
　　C. RAM 和 ROM 的容量之和　　D. CD-ROM 的容量

57. 一个 1.2MB 的软盘可存储约(　　)个汉字。
　　A. 12 万　　　B. 60 万　　　C. 120 万　　　D. 80 万

58. 微型计算机外存储器可与(　　)直接交换信息。
　　A. 内存储器　　B. 微处理器　　C. 运算器　　　D. 控制器

59. (　　)不是存储设备。
　　A. 软盘　　　　B. 内存　　　　C. 触摸屏　　　D. 硬盘

60. 计算机的内存储器可与CPU（　　）交换信息。
    A. 直接或间接　　B. 直接　　　　　C. 部分　　　　　D. 间接

61. RAM是微型计算机的（　　）。
    A. 只读存储器　　　　　　　　　　B. 只读存储器和随机存储器
    C. 内存储器　　　　　　　　　　　D. 随机存储器

62. ROM是微型计算机的（　　）。
    A. 只读存储器　　B. 随机存储器　　C. 主存储器　　　D. 读写存储器

63. 计算机的存储系统一般指（　　）两部分。
    A. 磁带和光盘　　　　　　　　　　B. 内存和外存
    C. RAM和SDROM　　　　　　　　　 D. 硬盘和软盘

64. 微型计算机在工作中尚未进行存盘操作,突然停电,则计算机（　　）全部丢失再次通电后也不能完全恢复。
    A. ROM和RAM中的信息　　　　　　B. ROM中的信息
    C. RAM中的信息　　　　　　　　　D. 硬盘中的信息

65. 计算机的内存储器与外存储器相比较,（　　）。
    A. 内存储器比外存储器容量小,但存取速度快,价格便宜
    B. 内存储器比外存储器容量大,但存取速度慢,价格昂贵
    C. 内存储器比外存储器的存储容量小,价格昂贵,但存取速度快
    D. 内存储器比外存储器的存取速度快,价格昂贵,但存储容量大

66. 对微型计算机的软磁盘和硬磁盘进行比较,硬磁盘比软磁盘（　　）。
    A. 存储容量大,但存取速度慢、不便于随身携带
    B. 存储容量小,但存取速度快、便于随身携带
    C. 存储容量大,存取速度快,但不便于随身携带
    D. 存储容量小,存取速度快,但不便于随身携带

67. 和外存相比,内存的主要特征是（　　）。
    A. 存储正在运行的程序　　　　　　B. 能同时存储程序和数据
    C. 能存储大量信息　　　　　　　　D. 能长期保存信息

68. 在微型计算机硬件中访问速度最快的设备是（　　）。
    A. 光盘　　　　　B. RAM　　　　　C. 硬盘　　　　　D. 软盘

69. 存储器容量的基本单位是字节,它的英文名字是（　　）。
    A. Bit　　　　　 B. Byte　　　　 C. Bout　　　　　D. baut

70. 一个字节包含的二进制位数是（　　）。
    A. 8位　　　　　 B. 16位　　　　 C. 32位　　　　　D. 256位

71. 计算机存储器的容量一般以KB、MB、GB为单位表示,1KB等于（　　）。
    A. 1024个二进制符号　　　　　　　B. 1000个二进制符号
    C. 1024个字节　　　　　　　　　　D. 1000个字节

72. 在计算机中信息描述的最小单位是（　　）。
    A. 位　　　　　　B. 字节　　　　 C. 字　　　　　　D. 字长

73. 计算机系统中存储信息是以（　　）作为基本存储单位的。
    A. 字节　　　　B. 16个二进制位　　C. 字　　　　　D. 字符
74. 既是输入设备又是输入设备的是（　　）。
    A. 显示器　　　B. 打印机　　　　　C. 键盘　　　　D. 磁盘驱动器
75. 32位计算机的一个字节是由（　　）二进制位组成。
    A. 7个　　　　B. 8个　　　　　　C. 16个　　　　D. 32个
76. 每个ASCII码的编码由（　　）表示。
    A. 一个比特　　B. 一个字节　　　　C. 二个字节　　D. 一个十进制数
77. 完成将计算机外部的信息送入计算机这一任务的设备是（　　）。
    A. 输入设备　　B. 输出设备　　　　C. 软盘　　　　D. 电源线
78. 以下设备中,属于输出设备的是（　　）。
    A. 绘图仪　　　B. 鼠标　　　　　　C. 光笔　　　　D. 图像扫描仪
79. CGA,EGA,VGA标志着（　　）的不同规格和性能。
    A. 存储器　　　B. 显示器　　　　　C. 打印机　　　D. 硬盘
80. 在下列设备中（　　）不能作为微机的输出设备。
    A. 打印机　　　B. 显示器　　　　　C. 绘图仪　　　D. 键盘
81. 以下设备中（　　）不能作为微型计算机的输入设备。
    A. 显示器　　　B. 鼠标　　　　　　C. 键盘　　　　D. 模数转换器
82. 以下外设中,属于输入设备的是（　　）。
    A. 显示器　　　B. 绘图仪　　　　　C. 鼠标　　　　D. 打印机

二、填空题

1. 在电子计算机诞生之前,人类的计算工具主要有＿＿＿＿、＿＿＿＿和＿＿＿＿。
2. 第一台电子数字计算机是＿＿＿＿年在＿＿＿＿国出现的。
3. 按照计算机发展阶段分,现在的计算机属于＿＿＿＿。
4. 第四代计算机所采用的主要功能器件是＿＿＿＿。
5. 现在的计算机仍是以存储程序原理为基础的,因此通常被称为＿＿＿＿型算机。
6. 硬盘与软盘相比,具有＿＿＿＿、＿＿＿＿的特点。
7. 计算机的主要应用领域有科学和工程计算、数据和信息处理、过程控制、计算机辅助技术、＿＿＿＿和＿＿＿＿。
8. 用于计算机系统的光盘主要有3类：＿＿＿＿、＿＿＿＿和＿＿＿＿。
9. 常用的影音光碟 VCD(CD-ROM)存储容量为＿＿＿＿,数字通用光盘DVD-ROM单面存储容量为＿＿＿＿。
10. 数据具有更广泛的含义,如图、文、＿＿＿＿、＿＿＿＿等多媒体数据,都已成为计算机的处理对象。
11. 移动盘的保护锁锁上时,该盘只能＿＿＿＿不能＿＿＿＿,称为写保护。
12. CAD是指计算机辅助设计,CAI是指＿＿＿＿。

13．一台完整的计算机硬件应由运算器、控制器、_____、_____和输出设备等部件构成的。

14．计算机能对数据进行输入、_____、_____和输出。

15．运算器是用于对数据进行加工的部件。它由_____和一系列寄存器组成。

16．计算机的两大组成部分是计算机软件系统和_____。

17．现在常用的外存储器有磁盘、_____和_____。

18．外存储器中的信息_____直接被访问，但可以和_____成批交换信息。

19．外存储器存放的任何信息，都必须首先将其读至_____才能被 CPU 访问。

20．存储器的主要功能是存放_____和_____。

21．运算器的主要功能是进行_____和_____。

22．一般把软件分为_____和_____两大类。

23．系统软件主要包括语言处理程序、_____、_____和服务程序。

24．_____是一组程序，是用户与计算机硬件设备之间的接口。

25．操作系统属于_____。

26．为解决具体问题而编制的软件称为_____。

27．计算机能识别和直接执行的语言是_____。

28．一个源程序要经过_____或_____得到机器语言程序才能在机器上直接执行。

29．程序设计语言可以分为机器语言、_____和_____三类。

30．微型机上配备的打印机按打印方式分类，可分为点阵打印、_____和_____。

31．源程序一般是用_____语言或_____语言编写的。

32．显示器的_____越高，组成的字符和图形的点的密度越高，显示的画面就越_____。

33．由 0 和 1 组成的计算机能直接识别和处理的语言是_____。

34．对源程序的翻译采用边解释边执行的方法称为_____。

35．为达到某种目的编制的计算机指令序列称为_____。

36．一条指令的执行可分为 3 个阶段：取出指令、_____和_____。

37．不同厂家所生产的微机上运行的机器语言程序不能相互通用，可能是因为它们具有不同的_____。

38．国际上广泛采用的字符信息表示系统是_____。

39．因为 RAM 中的信息是由电路的状态表示的，所以断电后信息一般会立即_____。

40．ROM 中的信息只能_____，不能修改，故称其为_____。

41．16 位字长的计算机存储器容量为 640KB，表示主存储器有_____位存储空间。

42．计算机的主频指_____。

43．二进制数 1101 转换为十进制为_____。

44. 内存储器包括＿＿＿＿和＿＿＿＿两部分。
45. 微机中最普遍使用的西文字符代码是＿＿＿＿。
46. 一般情况下,1KB 内存最多能存储＿＿＿＿个字符的 ASCII 码。
47. 1 个字节有 8 个二进制位,可以表示的最大的数为＿＿＿＿。
48. 十进制数 497 的二进制表示为＿＿＿＿。
49. 1GB 表示 2 的＿＿＿＿次方 B 或＿＿＿＿MB。
50. 十六进制数$(10000)_{16}$,等于十进制 2 的＿＿＿＿次幂。
51. $(FF)_{16}$,表示成十进制数是＿＿＿＿。
52. 10C.8H 表示成八进制数是＿＿＿＿。
53. $(145)_8$ 表示成十进制数是＿＿＿＿。
54. 微型计算机硬件系统是由＿＿＿＿、＿＿＿＿、＿＿＿＿、存储器、输入设备和输出设备等部件构成。
55. 微型机的主机是指＿＿＿＿和＿＿＿＿。
56. 微型计算机中的 CPU 通常是指＿＿＿＿和＿＿＿＿。
57. 微机的硬件是由＿＿＿＿和＿＿＿＿组成。
58. 微机中各部件之间传输信息的公共通路称为＿＿＿＿。
59. 根据传输信息的不同,总线有＿＿＿＿、＿＿＿＿和控制总线 3 种。

三、简答题

1. 计算机有哪些特点？主要有哪些应用领域？
2. 什么是源程序、目标程序？为什么要有语言处理程序？
3. 计算机内部为何采用二进制数？
4. 什么是机器语言,汇编语言和高级语言,各自的特点是什么？
5. 什么是系统软件和应用软件,两者有什么不同？
6. 计算机的硬件系统由哪五大功能部件组成？其主要功能是什么？
7. 微型计算机配置的外部设备包括哪些类型？每个类型列举 2～3 种。

1.2 参 考 答 案

一、单选题

1. D	2. A	3. B	4. A	5. A
6. B	7. C	8. D	9. C	10. C
11. C	12. D	13. A	14. A	15. B
16. D	17. D	18. C	19. B	20. D
21. A	22. C	23. B	24. C	25. D

26. D	27. B	28. B	29. A	30. C
31. B	32. B	33. B	34. C	35. B
36. C	37. A	38. D	39. B	40. B
41. C	42. D	43. B	44. A	45. A
46. D	47. B	48. C	49. A	50. C
51. A	52. C	53. B	54. B	55. A
56. A	57. B	58. A	59. C	60. B
61. D	62. A	63. B	64. C	65. C
66. C	67. A	68. B	69. B	70. A
71. C	72. A	73. A	74. D	75. B
76. B	77. A	78. A	79. B	80. D
81. A	82. C			

二、填空题

1. 算筹 算盘 机械计算机
2. 1946 美国
3. 第四代
4. 大规模集成电路(LSI)
5. 冯·诺依曼
6. 存储量大 工作速度快
7. 人工智能 网络应用
8. 只读光盘(CD-ROM) 一次性写入光盘(CD-R) 可擦写光盘(CD-RW)
9. 700MB 4.7GB
10. 声 像
11. 读出 写入
12. 计算机辅助教学
13. 存储器 输入设备
14. 处理 存储
15. 算术逻辑部件
16. 硬件系统
17. 磁带 光盘
18. 不能 内存储器
19. 内存储器
20. 程序 数据
21. 算术运算 逻辑运算
22. 系统软件 应用软件
23. 操作系统 数据库管理系统
24. 操作系统
25. 系统软件
26. 应用软件
27. 机器语言
28. 汇编 编译
29. 汇编语言 高级语言
30. 喷墨打印机 激光打印
31. 汇编 高级
32. 分辨率 清晰
33. 机器语言
34. 解释
35. 程序
36. 分析指令 执行指令
37. 指令系统
38. ASCII 码
39. 丢失
40. 读出 只读存储器
41. 640×1024
42. 时钟频率
43. 13
44. RAM ROM
45. ASCII 码
46. 1024

47. 255
48. 111110001
49. 30 1024
50. 16
51. 255
52. 10310
53. 101
54. 运算器 控制器 CPU
55. CPU 内存
56. 运算器 控制器
57. 主机 外部设备
58. 总线
59. 地址总线 数据总线

第 2 章 操作系统习题

2.1 习　　题

一、单选题

1. 在 Windows 中,下列(　　)鼠标指针形状表示等待状态。
   A. ✓　　　　　　B. ↖　　　　　　C. ⌛　　　　　　D. ＋
2. 在 Windows 中,同时显示多个应用程序窗口的正确方法是(　　)。
   A. 在任务栏空白处单击鼠标右键,在弹出快捷菜单中选择"横向平铺窗口"
   B. 在任务栏空白处单击鼠标左键,在弹出快捷菜单中选择"排列图标"命令
   C. 在桌面空白处单击鼠标右键,在弹出快捷菜单中选择"排列图标"命令
   D. 在"我的电脑"中进行排列
3. 在 Windows 中,删除桌面上某应用程序快捷方式图标后,该图标对应的文件将(　　)。
   A. 一起删除　　　　　　　　　　B. 不会删除
   C. 改变目录路径　　　　　　　　D. 改变图标样式
4. 在(　　)中,可以显示当前用户运行的所有应用程序的图标及其名称等信息。
   A. 状态栏　　　　B. 标题栏　　　　C. 工具栏　　　　D. 任务栏
5. 在 Windows 中,多次进行文件的复制或剪切后,"剪贴板"中的内容(　　)。
   A. 全部保留　　　　　　　　　　B. 只保留复制的内容
   C. 只保留剪切的内容　　　　　　D. 只保留复制或剪切的最后一次内容
6. 在 Windows 中的剪贴板是(　　)。
   A. "画图"的辅助工具　　　　　　B. 存储图形或数据的物理空间
   C. "写字板"的重要工具　　　　　D. 各种应用程序之间的数据共享
7. 在 Windows 中,将整个屏幕的全部信息送剪贴板的快捷键是(　　)。
   A. Alt＋Ins　　　B. Ctrl＋Ins　　　C. Print Screen　　D. Alt＋Esc
8. Windows 中长文件名可有(　　)个字符。
   A. 83　　　　　　B. 254　　　　　　C. 255　　　　　　D. 52
9. Windows 中,要移动窗口时,鼠标指针要停留在(　　)处拖曳。
   A. 菜单栏　　　　B. 标题栏　　　　C. 边框　　　　　D. 状态栏

10. Windows XP 中,用户可以同时启动多个应用程序,在启动了多个应用程序后用户可以按组合键( )在各应用程序之间进行切换。
   A. Alt+Tab　　　B. Alt+Shift　　　C. Ctrl+Alt　　　D. Ctrl+Esc
11. 在"命令提示符"命令下删除文件后,( )。
   A. 放入"回收站"　　　　　　B. 放入"我的电脑"
   C. 放入"我的文档"　　　　　D. 在"回收站"中找不到
12. Windows 中,用( )快捷键切换中英文输入。
   A. Ctrl+空格　　B. Alt+Shift　　C. Shift+空格　　D. Ctrl+Esc
13. 有关桌面正确的说法是( )。
   A. 桌面的图标都不能移动
   B. 在桌面上不能打开文档和可执行文件
   C. 桌面上的图标不能排列
   D. 桌面上的图标能自动排列
14. Windows 中,下列不能对任务栏进行操作的是( )。
   A. 改变尺寸大小　　B. 移动位置　　C. 删除　　D. 隐藏
15. Windows 中,下列( )操作不能打开任务栏的"开始"菜单。
   A. 单击任务栏的"开始"菜单　　　B. Windows XP 刚启动好时
   C. 按 Ctrl+Esc 快捷键　　　　　D. 按键盘上的"Win"键
16. 关于 Windows 回收站的描述中,( )是不正确的。
   A. 回收站可以暂时保存从软盘和硬盘中删除的文件
   B. 可以设置回收站的属性,使用户在执行删除操作时立即彻底清除文件
   C. 用户可以在不打开回收站窗口的情况下,清空回收站
   D. 在回收站窗口中,用户可以将被删除的文件恢复到原来的文件夹中
17. 更改桌面的属性,可用鼠标右键单击桌面空白处选择属性,或者在( )中双击显示器图标。
   A. 活动桌面　　B. 控制面板　　C. 任务栏　　D. 打印机
18. Windows 部分附件工具没有安装,可以通过( )来安装。
   A. 重装 Windows　　　　　　B. 设置工具栏
   C. 设置显示器　　　　　　　D. "控制面板"中的"添加/删除程序"
19. 资源管理器中文件夹图标前有"+",表示此文件夹( )。
   A. 含有子文件夹　　　　　　B. 当前硬盘格式化
   C. 桌面上应用程序图标　　　D. 含有文件
20. 在 Windows 中,隐藏任务栏的第一步操作是( )。
   A. 鼠标右键单击"我的电脑",选择"属性"
   B. 鼠标右键单击任务栏空白处,选择"属性"
   C. 鼠标右键单击桌面空白处,选择"属性"
   D. 鼠标右键单击"开始"菜单,选择"打开"

21. 在 Windows 中,"资源管理器"的图标（　　）。
    A. 不可能出现在桌面上
    B. 可以设置到桌面上
    C. 可以通过鼠标右键单击桌面将其显示到桌面上
    D. 一定出现在桌面上

22. 在 Windows 中,"资源管理器"不能执行下列（　　）操作。
    A. 文件复制   B. 当前硬盘格式化
    C. 创建快捷方式   D. 软盘格式化

23. 如果使用拖动鼠标在同一个磁盘文件的文件夹中复制文件,要拖动鼠标可以按住以下（　　）键。
    A. Shift   B. Ctrl   C. Ctrl+Shift   D. Ctrl+Alt

24. 在 Windows 中,要查看文件夹的大小、属性以及包括多少个文件的文件夹信息,通常可选择下列（　　）菜单下的功能。
    A. 文件   B. 编辑   C. 查看   D. 工具

25. 以下关于 Windows 窗口叙述不正确的是（　　）。
    A. 窗口可以在屏幕上移动
    B. 窗口可以缩小成任务栏上的一个图标
    C. 窗口可以放大到整个屏幕上
    D. Windows XP 窗口都是应用程序窗口

26. 关于窗口"控制菜单"按钮的叙述不正确的是（　　）。
    A. 放在标题栏左边   B. 双击可以关闭窗口
    C. 放在菜单栏左边   D. 应用程序图标

27. 在 Windows"资源管理器"窗口中删除的文件（　　）。
    A. 是逻辑删除   B. 是物理删除
    C. 是否物理删除不一定   D. 一定放到了"回收站"中

28. "控制面板"中的"用户"图标选项可以设置用户名和密码,其作用是（　　）。
    A. 防止计算机病毒感染
    B. 防止别人浏览磁盘数据
    C. 保护用户个性化设置和安全选项不被修改
    D. 防止删除你的磁盘数据

29. 有关创建文件夹的正确说法是（　　）。
    A. 不能在桌面上创建文件夹
    B. 无法在 USB 盘中创建文件夹
    C. 在文档的"另存为"对话框中也可创建文件夹
    D. 无法在"资源管理器"的"浏览"窗口中新建文件夹

30. 在 Windows 中,"写字板"是一种（　　）。
    A. 字处理软件   B. 画图工具   C. 网页编辑器   D. 程序设计器

31. 在 Windows 中，使用"计算器"进行复杂的计算和统计，应选择（　　）。
    A. 标准型　　　　B. 统计型　　　　C. 高级型　　　　D. 科学型
32. Windows"附件"中，只适用于编辑纯文本文件的应用程序是（　　）。
    A. 画图　　　　　B. 写字板　　　　C. 记事本　　　　D. 计算器
33. 在 Windows"附件"中的"画图"程序可以实现（　　）。
    A. 编辑文档　　　　　　　　　　　B. 查看、编辑和新建图片
    C. 编辑表格　　　　　　　　　　　D. 制作动画
34. "记事本"中保存的文件，系统默认的扩展名是（　　）
    A. .TXT　　　　　B. .DOC　　　　C. .BMP　　　　D. .BAK
35. 在"画图"中画矩形框时按住（　　）键即画成正方形。
    A. Ctrl　　　　　B. Alt　　　　　C. Shift　　　　D. Tab
36. 打开"命令提示符"窗口后重新返回 Windows 窗口的命令是（　　）。
    A. QUIT　　　　　B. SYSTEM　　　C. WIN　　　　　D. EXIT
37. 要将任务栏上的时间显示样式改为"上午10:57"，可通过"控制面板"上的（　　）图标进行设置。
    A. 日期与时间　　B. 键盘　　　　　C. 区域设置　　　D. 任务栏

二、填空题

1. 进入 Windows 后，从屏幕顶端到任务栏上面一块专门用来放置图标的区域，称为_____。
2. 在 Windows 下的鼠标操作，有单击、双击、_____、_____。
3. 每当打开一个程序、文档或窗口时，在_____上都将出现一与之对应的按钮，用户可以使用该按钮在已经打开的窗口间_____。
4. 要关闭一个窗口，可单击窗口右上角的_____按钮，或_____击任务栏上对应该窗口的按钮，在弹处菜单中单击_____项。
5. 要迅速地找到文件或文件夹，可使用_____按钮中的_____命令。
6. 启动中文输入法，可同时按下_____键和_____键，或单击任务栏上的_____来选择。
7. 要切换中、西文输入法，按下_____键和_____键。
8. 关闭 Windows XP 窗口的组合键是_____。
9. "我的电脑"中，要复制文件，先找到该文件并单击选定它，然后单击"编辑"菜单中的_____命令，再打开要放置文件的文件夹，然后单击_____菜单中的_____命令。
10. 在"开始"菜单的顶部添加程序，方法是在"我的电脑"或"资源管理器"中找到该程序，按住鼠标_____键，将此程序的图标拖到_____按钮上，该图标将会出现在"开始"菜单的_____。
11. 在桌面上创建文件和文件夹的快捷方式，可用"我的电脑"或"资源管理器"中找到该对象，按住鼠标_____键将该对象拖到桌面上，释放鼠标后，在弹出的快捷菜单中

单击_____。

12. 硬盘上删除的文件暂时存放在_____中,文件并没有真正的从硬盘上删除;如果文件从软盘中被删除的,则删除的文件_____送入回收站。

13. "我的电脑"或"资源管理器"中,要打开文档或启动程序,可_____该文档或程序的图标。

14. 设置"我的电脑"或"资源管理器"中文件和文件夹的显示顺序,可用_____菜单中的_____命令。

15. Windows XP"资源管理器"中,要将C盘中的某个文件复制到另一个文件夹中,可直接按住键盘的_____键和鼠标_____键将该文件拖曳到目的文件夹,释放鼠标后,则该文件便复制到目的文件夹中。

16. 在"画图"中要画一条水平直线,可按住键盘的_____键和鼠标_____键并拖动鼠标。

17. 在"画图"中要画圆或正方形时,应按住键盘上_____键和鼠标_____键并拖动。

18. 在"画图"中,只有在_____尺寸下才能向图片中输入文字。

19. 在Windows中按名称搜索时,可以使用的通配符有_____或_____。

20. 在Windows中,用"搜索"功能查找文件名的第2个字母为k的所有文件,在搜索框的名称处应输入_____。

21. Windows中,实现剪贴板功能的"复制"、"剪切"和"粘贴"对应有键盘操作命令,它们是_____、Ctrl+X和_____。

22. 在Windows中,选择了C盘上的一批文件,按Delete(或Del)键并没有真正删除这些文件,而是将这些文件移到了_____中。

23. 在Windows中,利用"我的电脑"或"资源管理器"找到应用程序文件名notepad.exe后,用鼠标_____,即可启动记事本。

24. 在Windows中,从"回收站"的图标显示状态可以看出"回收站"_____。

25. 在Windows中桌面图标排列类型设置为_____时,桌面上的图标不能随意拖动。

26. 在Windows的"控制面板"中,_____项可以设置系统使用区域的数字、货币、日期和时间等方式。

27. 在Windows"画图"中保存的文件,系统默认的文本扩展名是_____。

28. 在Windows"记事本"中保存的文件,系统默认的文本扩展名是_____。

29. 在Windows中,"剪贴板"是指_____。

30. 在Windows中,当屏幕上任务栏不见时,这表示任务栏设置为_____。

31. 扩展名为.txt的所有文件可表示为_____,第3个字母是k的所有文件可表示为_____。

三、简答题

1. 简述"关闭计算机"对话框中几个按钮的功能。

2. 简述鼠标"单击"和"双击"方式的区别。
3. 简述"任务栏"的基本组成及各种操作。
4. 简述选择对象的类型及相应的方法。
5. 简述"桌面清理"的含义。
6. 简述"菜单"中各种符合的含义。
7. 简述在 Windows 中,有哪几种切换窗口的方法。
8. 简述在 Windows 资源管理器操作中,复制和移动操作的异同。
9. 简述在 Windows 中,将文件及文件夹从磁盘中物理删除(真正删除)的两种方法。
10. 简述在 Windows 中,打开"控制面板"的几种方法。
11. 怎样清除"开始"菜单中"我最近的文档"选项里的文档名字?
12. 在 Windows 中,桌面上的快捷方式图标与应用程序图标有什么不同?
13. 简述在"画图"中,怎样将一幅图中的一部分裁出独立保存为另一幅图?
14. 在 Windows 中,如何添加打印机?
15. 简述"磁盘格式化"的含义。
16. 简述"磁盘碎片整理"的含义。
17. 简述执行一个程序的几种方法。
18. 简述"组件服务"的含义。

2.2 参 考 答 案

一、单选题

1. C	2. A	3. B	4. D	5. D
6. D	7. C	8. C	9. B	10. A
11. D	12. A	13. D	14. C	15. B
16. A	17. B	18. D	19. A	20. B
21. C	22. B	23. B	24. A	25. D
26. C	27. C	28. C	29. C	30. A
31. D	32. C	33. B	34. A	35. C
36. D	37. A			

二、填空题

1. 桌面
2. 右键单击　拖动
3. 任务栏　切换
4. 关闭　右键　关闭
5. 开始　搜索
6. Ctrl　Shift　语言栏
7. Ctrl　Space
8. Alt＋F4
9. 复制　编辑/快捷　粘贴
10. 右键　开始　顶部

11. 右键　在当前位置处创建快捷方式
13. 双击
15. Ctrl　左
17. Shift　左
19. *　?
21. Ctrl+C　Ctrl+V
23. 双击
25. 自动排列
27. .BMP
29. 内存空间
31. *.TXT　??K.*
12. 回收站　不能
14. 查看　排列图标
16. Shift　左
18. 常规
20. ?k*
22. 回收站
24. 是否有被删除的文件
26. 区域和语言选项
28. .TXT
30. 隐藏

第 3 章 网络基础习题

3.1 习 题

一、单选题

1. 计算机网络最突出的优点是( )。
   A. 存储容量大　　B. 资源共享　　C. 运算速度快　　D. 运算结果精
2. 计算机网络中 WAN 是指( )。
   A. 局域网　　　　B. 广域网　　　C. 互联网　　　　D. 光纤网
3. 关于 Internet Explorer,以下说法正确的是( )。
   A. Internet Explorer 本身就是一个搜索引擎
   B. Internet Explorer 不具有搜索功能
   C. Internet Explorer 的搜索功能是借助于与著名搜索引擎链接实现的
   D. Internet Explorer 与 Yahoo 是一样的
4. 所谓搜索引擎( )。
   A. 就是已经被分类的 Web 主页清单
   B. 就是 Yahoo
   C. 就是进行信息搜索服务的计算机系统
   D. 就是在 Internet 上执行信息搜索的专门站点
5. 常用的通信有线介质包括双绞线、同轴电缆和( )。
   A. 微波　　　　　B. 线外线　　　C. 光纤　　　　　D. 激光
6. 局域网不使用的传输介质是( )。
   A. 光纤　　　　　B. 同轴电缆　　C. 双绞线　　　　D. 微波
7. 局域网的网络硬件主要包括网络服务器、工作站、( )和通信介质。
   A. 网络协议　　　B. 网卡　　　　C. 计算机　　　　D. 网络拓扑结构
8. 下列叙述中,错误的是( )。
   A. 向对方发送电子邮件时,对方一定处于开机状态
   B. 收发电子邮件时,接收方无需了解对方的电子函件地址就能发回函
   C. 发送电子邮件时,一次发送操作能发送给多个接收者
   D. 使用电子邮件的首要条件是必须拥有一个电子信箱

9. 收到一封邮件,再把它寄给别人,一般可以用( )。
   A. 答复　　　　B. 转发　　　　C. 编辑　　　　D. 发送
10. 在局域网中,支持计算机与相应的局域网相连,并与该局域网上的其他计算机按相应的协议进行通信的网络软件是( )。
    A. 数据库管理系统　　　　　　　B. 网络通信协议
    C. 操作系统　　　　　　　　　　D. 应用软件
11. 在OutLook Express的服务器设置中SMTP服务是指( )。
    A. 邮件接收服务器　　　　　　　B. 邮件发送服务器
    C. 域名服务器　　　　　　　　　D. FTP服务器
12. OutLook Express的服务器设置中POP3服务器是指( )。
    A. 邮件接收服务器　　　　　　　B. 邮件发送服务器
    C. 域名服务器　　　　　　　　　D. WWW服务器
13. OutLook Express是( )。
    A. 浏览器　　　B. 阅读器　　　C. 邮件应用软件　　　D. 电子邮箱
14. 电子邮件的实际要传送的信函内容放在( )中。
    A. 邮件头　　　B. 邮件主题　　C. 邮件体　　　D. 抄送人地址
15. 将普通微机连入网络中,至少要在该微机内增加一块( )。
    A. 网卡　　　　B. 通信接口　　C. 驱动卡　　　D. 网络服务器
16. 电子邮件包括( )两部分。
    A. 邮件头与邮件体　　　　　　　B. 邮件发送的日期与时间
    C. 发信人地址与收信人地址　　　D. 抄送人地址与邮件主题
17. 使用"脱机工作"方式浏览,只能浏览( )。
    A. 任何想浏览的主页　　　　　　B. 曾经访问过的主页
    C. 未访问过的主页　　　　　　　D. 在局域网中的主页
18. Internet所广泛采用的标准网络协议是( )。
    A. HTTP　　　B. TCP/IP　　　C. IEEE 802.3　　　D. IPX/SPX
19. 普通用户使用微机通过局域网或电话线路与Internet相连时,一般需安装含有TCP/IP协议的( )操作系统。
    A. Linux　　　B. UNIX　　　C. Windows　　　D. DOS
20. 按网络的地理覆盖范围进行分类,可将网络分为( )。
    A. 局域网、广域网和城域网
    B. 双绞线网、同轴电缆网和卫星网等
    C. 电路交换网分组交换网和综合交换网等
    D. 总线网、环型网、星型网、树型网和网状网等
21. 星型结构网络的特点是( )。
    A. 所有结点都通过独立的线路连接到同一条主干线路上
    B. 所有结点均通过独立的线路连接到一个中心交汇结点上
    C. 其连接线构成星型形状

D. 每一台计算机都直接连通

22. 邮件服务主机 mail.xjtu.edu.cn 上的用户名为 wanghong,密码为 qil2,则相应的 E-mail 地址为(　　)。
    A. wanghong@cn.edu.xjtu.mail
    B. qil2@wanghong.mail.xjtu.edu.cn
    C. wanghong@mail.xjtu.edu.cn
    D. wanghong.qil21@mail.xjtu.edu.cn

23. 为了保证全网的正确通信,Internet 联网的每个网络和每台主机都分配了唯一的地址,该地址称为(　　)。
    A. TCP 地址　　　　　　　　　B. IP 地址
    C. WWW 服务器地址　　　　　D. WWW 客户机地址

24. TCP 的含义是(　　)。
    A. 域名协议　　B. 传输控制协议　　C. 网际协议　　D. 地址协议

25. 以下(　　)可能是一个非盈利组织的域名。
    A. http://www.iaaf.org　　　　B. http://www.163.com
    C. http://www.iaaf.uk　　　　 D. http://www.sohu.cn

26. 调制解调器(Modem)的功能是实现(　　)。
    A. 数字信号的编码　　　　　　B. 数字信号的整型
    C. 模拟信号的放大　　　　　　D. 数字信号与模拟信号的转换

27. 在 Internet 中(　　)是信息资源与服务的提供者。
    A. 主机　　　　B. 服务器　　　　C. 客户机　　　　D. 路由器

28. 浏览器实际上就是(　　)。
    A. 计算机上的一个硬件设备
    B. 服务器上的一个服务器程序
    C. 安装在用户计算机上,用于浏览 WWW 信息的客户程序
    D. 专门收发 E-mail 的软件

29. (　　)是一个正确的 URL 地址。
    A. http //www.cau.edu.cn　　　　B. http:www.cau.edu.cn
    C. http://www.cau.edu.cn　　　　D. ftp://cn.www.edu.cau

30. 电子邮件软件提供的服务功能不包括(　　)。
    A. 创建与发送电子邮件　　　　B. 浏览 WWW 信息
    C. 接收、阅读与管理电子邮件　　D. 账号、邮箱与通信簿管理

31. 以下(　　)是专门用于电子邮件收发的客户程序。
    A. PuTTY　　　　　　　　　　B. FileZilla
    C. OutLook Express　　　　　　D. Internet Explorer

32. 下列说法错误的是(　　)。
    A. 电子邮件具有快速、高效、方便、价廉等特点
    B. 电子邮件是 Internet 提供的一项最基本的服务

C. 通过电子邮件,可向世界上任何一个角落的网上用户发送信息
D. 电子邮件可发送多媒体,但只能是文字和图像

33. 通过拨号登录到 ISP 的服务器上,所必需的程序是( )。
   A. 拨号连接　　　　　　　　　B. TCP/IP
   C. 拨号网络　　　　　　　　　D. Internet 连接向导

34. 调制解调器(Modem)的作用是( )。
   A. 只能将数据发送端的数字信号转换为模拟信号
   B. 只能将数据接收端的模拟信号转换为数字信号
   C. 能够完成数字信号与模拟信号的相互转换
   D. 把计算机与电信局连接起来

35. 一个电话拨号接入 Internet 的用户,( )不是必须要做的。
   A. 向 ISP 申请一个账户　　　　B. 安装与配置调制解调器
   C. 安装与配置拨号网络　　　　D. 安装 Navigator

36. 以下( )对用户访问 Internet 的速率没有影响。
   A. 用户与 ISP 间通信线路的带宽　　B. ISP 的出口带宽
   C. 用户与 ISP 间的距离　　　　　　D. 被访问主机的状况

37. 在 IE 中,( )不可能打开一个新网页。
   A. 在 URL 地址栏中直接输入网页地址
   B. 选择"文件"菜单下的"打开",在打开对话框输入 URL 地址
   C. 单击工具栏中的"历史"按钮,在左侧出现的"历史记录"栏中选中某个主页
   D. 单击工具栏中的"刷新"按钮

38. 以下不是启动 IE 的方法是( )。
   A. 在 Windows 任务栏中,单击"启动 Internet Explorer 浏览器"按钮
   B. 在 Windows 桌面上,双击 IE 图标
   C. 在 Windows 任务栏中,选择"开始/文档/Internet Explore"
   D. 在 Windows 任务栏中,选择"开始/程序/Internet Explorer"

39. 若想查看通讯簿中的联系人,既可以单击工具栏中的"通讯簿"按钮,也可单击( )菜单中的"通讯簿"。
   A."文件"　　B."编辑"　　C."查看"　　D."工具"

40. 当个人计算机以拨号方式接入 Internet 时,必须使用的设备是( )。
   A. 电话机　　B. 浏览器软件　　C. 网卡　　D. 调制解调器

41. 计算机通过调制解调器(Modem)和电话线,与互联网服务提供商(ISP)的网络服务器的调制解调器相连,计算机与 Internet 的这种连接方法称为( )连接。
   A. ADSL　　B. 有线电视　　C. 电话拨号　　D. 无线电话拨号

42. 在鼠标移动到主页上的超链接位置时( )。
   A. 被链接的页面会自动弹出
   B. 被链接的页面会以图标形式自动弹出
   C. 鼠标指针会变为不停地闪烁

D. 鼠标指针会变为一个手形图标

43. WWW 浏览器（　　）。
    A. 采用 HTTP 通信协议与 WWW 服务器相连
    B. 通过电子邮件服务协议与 WWW 服务器相连
    C. 采用文件传输服务协议与 WWW 服务器相连
    D. 通过 Telnet 远程登录与 WWW 服务器相连

44. 所谓互联网是指（　　）。
    A. 大型主机与远程终端相互连接起来
    B. 若干台大型主机相互连接起来
    C. 同种类型的网络及其产品相互连接起来
    D. 同种或异种类型的网络及其产品相互连接起来

45. 在计算机网络中，TCP/IP 是一组（　　）。
    A. 支持同种类型的计算机（网络）互联的通信协议
    B. 支持异种类型的计算机（网络）互联的通信协议
    C. 同种局域网互联的技术
    D. 同种广域网互联的技术

46. Internet 的信息页由（　　）语言实现。
    A. HTML　　　B. 汇编　　　C. COBLE　　　D. BASIC

47. CERNET 是（　　）的简称。
    A. 中国科技网　　　　　　　　B. 中国公用计算机互联网
    C. 中国教育和科研计算机网　　D. 中国公众多媒体通信网

48. 每一个有效的电子邮件地址（　　）。
    A. 在全球范围内允许有一个重名
    B. 全球范围内是唯一的
    C. 在全球范围内可以有重名，但在全国范围内是唯一的
    D. 由它的拥有者决定可否重名

49. 电子邮件地址一般由两个基本内容组成，即（　　）。
    A. 用户名@计算机名　　　　　B. 姓名@地址
    C. 用户名@主机域名　　　　　D. 文件名@主机名

50. 互联网络上的每一种服务都是基于一种协议的，WWW 服务基于（　　）协议。
    A. SMTP　　　B. HTML　　　C. HTTP　　　D. Telnet

51. 传输速率的单位 b/s 的含义是（　　）。
    A. 每秒钟可以传输的比特数，即位/秒
    B. 每秒钟可以传输的字节数，即位/秒
    C. 每秒钟可以传输的字节数，即字节/秒
    D. 每秒钟可以传输的兆字节数，即兆字节/秒

52. 下列叙述中，不正确的是（　　）。
    A. E-mail 是用户或用户组之间通过计算机网络收发信息的服务

B. WWW 是利用超文本和超媒体技术组织和管理信息浏览或信息检索的系统
C. FTP 提供了 Internet 上任意两台计算机之间相互传输文件的机制
D. 给一台计算机安装一部调制解调器,便可连接到 Internet 上了

53. Internet 使用的 IP 地址是由(　　)。
 A. 网络号和主机号组成　　　　　　B. 主机号和网络号组成
 C. 国家代码和城市代码组成　　　　D. 国家地区号和网络号组成

54. FTP 的含义是(　　)。
 A. 电子邮件　　B. 万维网服务　　C. 远程登录　　D. 文件传输

55. IP 地址由(　　)组成。
 A. 3 个黑点分隔主机名、单位名、地区名和国家名 4 个部分
 B. 3 个黑点分隔 4 个 0~255 的数字
 C. 3 个黑点分隔 4 个 0~256 的数字
 D. 3 个黑点分隔 4 个部分,前两部分是网络号,后两部分是主机号

56. 统一资源定位器(URL)http://www.microsoft.com/index.html 中的 index.html 指出了(　　)。
 A. 要访问的服务器的主机名　　　　B. 要使用的 HTTP 协议
 C. 要访问主页的路径与文件名　　　D. 要使用的服务类型

57. URL 是(　　)的缩写。
 A. 统一资源定位器　　　　　　　　B. Internet 协议
 C. 简单邮件传输协议　　　　　　　D. 传输控制协议

58. URL 的含义是(　　)。
 A. 信息资源的网络地址的统一的描述方法
 B. 信息资源在网上什么位置及如何定位寻找的统一的描述方法
 C. 信息资源在网上的业务类型和如何访问的统一的描述方法
 D. 信息资源在网上什么位置和如何访问的统一的描述方法

59. A 类 IP 地址的网络号为(　　)。
 A. 1 个字节　　B. 2 个字节　　C. 3 个字节　　D. 4 个字节

60. B 类 IP 地址的主机号为(　　)。
 A. 1 个字节　　B. 2 个字节　　C. 3 个字节　　D. 4 个字节

61. 在 xahu.edu.cn 主机上,有一个名为 hzq 的用户,那么该用户的 E-mail 地址为(　　)。
 A. xahu.edu.cn　　　　　　　　　B. hzq
 C. hzq@xahu.edu.cn　　　　　　　D. xahu.edu.cn/hzq

62. 电子邮件地址格式为:usemame@hostname,其中 hostname 为(　　)。
 A. 用户地址名　　　　　　　　　　B. ISP 某台主机的域名
 C. 某公司名　　　　　　　　　　　D. 某国家名

63. 一个电子邮箱,(　　)查看其中的邮件。
 A. 任何人都可以　　　　　　　　　B. 输入正确的用户名,才能

C. 输入正确的密码,才能　　　　　D. 输入正确的用户名与密码后,才能

64. 在Internet互联网中,以下属于B类IP地址的是(　　)。
    A. 111.225.35.123　　　　　B. 123.101.2.26
    C. 129.25.214.108　　　　　D. 223.142.9.11

65. A类IP地址结构适用于(　　)。
    A. 有大量主机的大型网络　　　B. 有一定数量主机的中型网络
    C. 有少量主机的小型网络　　　D. 有几台主机的微型网络

66. 在Internet互联网中,IP地址为137.233.2.34的主机号是(　　)。
    A. 34　　　B. 2.34　　　C. 233.2.34　　　D. 137.223.0.0

67. 在Internet互联网中,B类IP地址在(　　)范围之间。
    A. 1.0.0.0～127.255.255.255　　　B. 126.0.0.0～191.255.255.255
    C. 128.0.0.0～191.255.255.255　　D. 192.0.0.0～223.255.255.255

68. 在Internet互联网中,115.158.46.35是一个(　　)类IP地址。
    A. A　　　B. B　　　C. C　　　D. D

69. 在Internet域名系统中,org表示(　　)。
    A. 公司或商务组织　　　B. 教育机构
    C. 政府机构　　　　　　D. 非盈利组织

70. 远程提供文件传输服务的计算机称为(　　)服务器。
    A. Web　　　B. POP3　　　C. Telnet　　　D. FTP

二、填空题

1. 计算机网络是_____和_____结合的产物。

2. OutLook用户在使用转发邮件功能时,不必输入_____,但需输入_____的邮件地址。

3. 计算机网络是通过_____相互连接起来的。

4. 双绞线、_____或光纤等传输介质属于有线介质。

5. 无线介质包括无线电、_____、激光和红外线等。

6. 在OutLook中,可以发一封带_____的电子邮件,但邮件不能像正文那样直接显示出来。

7. 搜索引擎用来检索某个信息的提示词称为_____,它可以是信息的主题、作者或者是对描述某一特征有确定意义的词。

8. 若在已有多个邮件账号的情况下再添加新的邮件账号,应在OutLook的_____菜单下选择"账号",在弹出的"Internet账号"对话框中进行设置。

9. 若要打印某个打开的主页,应选择_____菜单中的"打印"选项。

10. 若想保存某个打开主页上的一幅图片,应选中图片右击鼠标选中_____选项。

11. 网络拓扑结构指网络中计算机系统(包括通信线路和结点)的_____形状,用以表示网络的整体结构外貌以及反映各部分的结构关系。

12. 若想保存某个打开的主页,应选择"文件"菜单中的_____。

13. 在使用 IE 浏览 Internet 时，浏览器会_____将访问过的主页内容，保存在_____的临时文件中。
14. 在 IE 的设置起始主页的三个选项中，其中"使用默认页"的含义就是将_____的主页设置为起始主页。
15. 在 IE 中，当鼠标变为手形时，此处一定是一个_____。
16. 单击 URL 地栏右侧的下箭头，并选中其中一个，可以打开一个_____主页。
17. 在 Internet Explorer 窗口中，位于工具栏下方的是_____。
18. 重新访问当前主页可用_____按钮，停止访问当前主页可用_____按钮。
19. 查看上一个打开的主页可用_____按钮，查看下一个打开的主页可用_____按钮。
20. 拨号网络的作用是在客户机与 ISP 之间建立一条_____。
21. 计算机安装了一个调制解调器后，还需为其安装相应的_____才能发挥其作用。
22. 调制解调器通常分内置与_____两种。
23. 局域网的拓扑结构分为总线型、环型、_____、树型和环型五种。
24. _____的作用是将计算机中的数字信号与电话线上的模拟信号进行相互转换。
25. 拨号上网的用户，是通过电话线连接到 ISP 的_____，再通过 ISP 的连接通道接入 Internet。
26. 无论采用哪一种方法接入 Internet，都需要在计算机上安装含有_____协议的操作系统，并选用该协议。
27. C 类网络中，每个网络的主机号可有_____个。
28. 计算机接入 Internet 的方式有_____、_____电话拨号连接和无线电话拨号连接等。
29. Internet 服务提供商的缩写是_____。
30. 从 http://www.skycn.com 可看出，访问该主机资源遵循的是_____协议。
31. _____是指个人或机构的基本信息页面。
32. 发送电子邮件时，发送方的地址、邮件的发送日期及时间不需要用户填写，因为这些信息系统会_____。
33. 在 Internet 上，一台计算机的名字实际上就是它的_____或_____。
34. 所谓搜索引擎，就是指在 Internet 上执行信息搜索的专门_____。
35. 要访问 Internet 中的某台计算机，可通过它的_____找到它。
36. 在 OutLook Express"通讯簿"中可创建联系人组，好处是可以选择_____作为邮件的发送对象，而不必为同组中的每个联系人单独发送邮件。
37. OutLook Express 用户在使用邮件回复功能时，不必输入_____与主题，系统会自动填写这些内容。
38. 只有能够正确输入用户名和_____的邮件拥有者，才能查看电子邮箱中的电子邮件。

39. 若要以脱机方式查看访问过的主页,可用_____菜单中的"脱机工作"。

40. 个人计算机接入 Internet 的主要方式是_____。

41. 通常情况下,个人或企业不直接接入 Internet,而是通过_____接入 Internet。

42. 目前世界上最大的计算机网络是_____。

43. WWW 中的信息页是由_____语言实现的。

44. 将文件从客户机传输到远程主机上的过程称为_____。

45. 将文件从 FTP 服务器传输到客户机的过程称为_____。

46. Internet 中的 IP 地址由_____和_____两部分组成。

47. 在 WWW 环境下,信息是以信息页的形式构成与链接的,而信息页是由_____编写而成的。

48. 一封电子邮件包括了邮件头与_____两部分。

49. 一个电子邮件账户,包括_____和_____。

50. 任何一个域名一定唯一对应一个_____。

51. 两台服务器不可能拥有_____的域名。

52. 非盈利组织和政府机构的域类型分别是_____和_____。

53. com 和 edu 分别是_____和_____的域名类型。

54. 域名结构由国家代码、_____和子域名三部分构成。

55. 117.113.212.19 属于_____类 IP 地址,其主机号为_____。

56. A 类 IP 地址的网络号是_____个字节,B 类 IP 地址的主机号是_____个字节。

57. A 类 IP 地址的前 1 位是_____,C 类 IP 地址的前 3 位是_____。

58. Google 是一个搜索效率非常高的_____。

59. 若想从 Internet 上下载各种软件或文件,既可以通过_____下载,也可使用专门的_____下载。

60. Internet 所遵循的基本协议是_____。

61. 若用浏览器通过 FTP 站点下载软件或文件,在启动 IE 浏览器后,需在 URL 地址栏输入_____地址。

62. 在 Internet 中,_____是信息资源与服务的提供者,_____是信息资源与服务的使用者。

63. 通信线路的最大传输速率与它的_____成正比。

64. 计算机网络的物理传输介质可以分有线介质和_____。

65. 要在通讯簿中查看联系人的信息,应单击_____菜单栏下的"通讯簿"或单击_____上的"通讯簿"按钮。

66. 每秒钟可以传输比特数称之为_____,它的单位是_____。

67. IP 地址由 4 个字节 32 位二进制值组成,每八位分一组,每组用_____进制数 0~255 中的一个数字表示,且每组之间用_____隔开。

68. 从 Internet 上下载软件或文件可以通过_____选择下载,也可用浏览器通过 FTP 站点下载或者使用下载工具下载。

69. _____ 就是在 Internet 上执行信息搜索的专门站点。

三、简答题

1. 什么是计算机网络？
2. 什么是域名？它的结构是怎样的？
3. 局域网的硬件系统包括哪些？各自的主要作用是什么？
4. 什么是万维网？它所遵循的是什么协议？
5. 按照网络的覆盖范围划分，网络分为哪几类？
6. 什么是 IP 地址？它由哪两部分构成？
7. 下载文件或软件的常用方法有哪些？
8. 在 Internet Explorer 中，设置临时文件的大小有什么用处？
9. 什么是搜索引擎？有哪些常用的搜索引擎站点？
10. 创建电子邮件账号可以用哪两种方法？
11. 什么是 WWW 浏览器？
12. 什么是路由器？路由器起什么作用？
13. Internet 中，一台计算机的域名与 IP 地址有什么关系？为什么？
14. 使用 Internet Explorer 浏览 Internet 的基本方法有哪几种？
15. 计算机连入 Internet 有哪几种方式？
16. 什么是 ISP？它的作用是什么？
17. WWW 中的信息是以什么方式存在的？

3.2 参考答案

一、单选题

1. B	2. B	3. C	4. D	5. C
6. D	7. B	8. A	9. B	10. B
11. B	12. A	13. C	14. C	15. A
16. A	17. B	18. B	19. C	20. A
21. B	22. C	23. B	24. B	25. A
26. D	27. B	28. C	29. C	30. B
31. C	32. D	33. C	34. C	35. D
36. C	37. D	38. C	39. D	40. D
41. C	42. D	43. A	44. D	45. B
46. A	47. C	48. B	49. C	50. C
51. C	52. D	53. A	54. D	55. B
56. C	57. A	58. B	59. A	60. B

61. C	62. B	63. D	64. C	65. A
66. B	67. C	68. A	69. D	70. D

二、填空题

1. 计算机技术　通信技术
2. 邮件主题　收件人
3. 传输介质
4. 同轴电缆
5. 微波
6. 附件
7. 关键词
8. 工具
9. 文件
10. 图片另存为
11. 几何排列
12. 另存为
13. 自动　硬盘
14. 微软公司
15. 超链接
16. 曾经访问过的
17. URL 地址栏
18. 刷新　停止
19. 后退　前进
20. 通信链路
21. 驱动程序
22. 外置
23. 星型
24. 调制解调器
25. 主机
26. TCP/IP
27. 256
28. 专线连接　局域网连接
29. ISP
30. HTTP
31. 主页
32. 自动生成
33. IP 地址　域名
34. 站点
35. 分类目录搜索
36. 联系人组
37. 收件人地址
38. 密码
39. 文件
40. 电话拨号连接
41. ISP
42. 互联网(Internet)
43. HTML
44. 上载
45. 下载
46. 网络号　主机号
47. 超文本标注(或 HTML)语言
48. 邮件体
49. 用户名　密码
50. IP 地址
51. 相同
52. org　gov
53. 公司或商务组织　教育机构
54. 域类型
55. A　113.212.19
56. 1　2
57. 0　110
58. 搜索引擎
50. 浏览器　软件工具
60. TCP/IP
61. FTP 服务器
62. 服务器　客户机
63. 带宽
64. 无线介质
65. 工具　工具栏
66. 传输速率　位/秒
67. 十　.
68. 浏览器
69. 搜索引擎

第 4 章 文字处理习题

4.1 习 题

一、单选题

1. 在中文 WPS 文字常用工具栏中,( )按钮可复制文本或段落的格式。
   A. 粘贴   B. 格式刷   C. 复制   D. 保存
2. 中文 WPS 文字中,若输入的某个段落有多行时,在到达屏幕行尾时,( )来换行。
   A. 不用按 Enter 键   B. 必须按 Enter 键
   C. 必须按空格键   D. 必须按换档键
3. 在 WPS 文字的编辑状态,单击 按钮后,可以( )。
   A. 打开指定的文档   B. 为指定的文件打开一个空白窗口
   C. 使当前窗口还原   D. 使当前窗口极大化
4. 在中文 WPS 文字中,正确选定文本的方法是( )。
   A. 把鼠标指针放在目标处,按住鼠标左键拖动
   B. 把鼠标指针放在目标处,双击鼠标右键
   C. Ctrl+左右箭头
   D. Alt+左右箭头
5. WPS 文字文档中对所选段落的对齐方式,共有( )种。
   A. 4   B. 3   C. 6   D. 5
6. 当中文 WPS 文字的工作窗口占满整个屏幕时,右上角显示的按钮是( )。
   A.   B.   C.   D.
7. 在中文 WPS 文字中,若要方便地改变段落的缩排方式,调整左右边界,改变表格的列宽和行高,可以使用的是( )。
   A. 标尺   B. 符号工具栏   C. 格式工具栏   D. 常用工具栏
8. 在 WPS 文字文档编辑中,下列说法正确的是( )。
   A. 文档中的自动分页符可人工删除
   B. 人工分页符会随文档内容的增减而变化
   C. 文档中的自动分页符会自动调节位置

D. 人工分页符不能删除

9. 在中文WPS文字的编辑状态,连续进行了两次"插入"操作,单击一次"撤销"按钮后( )。
   A. 将两次插入的内容全部取消　　　B. 将第1次插入的内容取消
   C. 将第2次插入的内容取消　　　　D. 两次插入的内容都不被取消

10. 在WPS文字编辑状态下,按Ctrl+X快捷键后,可( )。
    A. 将文档被选中的内容复制到剪贴板上
    B. 将剪贴板中的内容复制到当前插入点处
    C. 将文档中被选中的内容移到剪贴板上
    D. 将剪贴板中的内容移到当前插入点处

11. 在文档窗口的非选定栏内,用鼠标三击和双击分别是选中了鼠标光标所在的( )。
    A. 一段和一行　B. 一段和一字　C. 全文和一行　D. 一字和一行

12. 单击"视图"选项卡中的( )命令按钮,可将已打开的多个文档窗口全部显示在屏幕上。
    A. 新建窗口　　B. 拆分　　C. 重排窗口　　D. 以上都可以

13. 在中文WPS文字的编辑状态,被编辑文档中的文字有"四号"、"五号"、"16"磅、"18"磅4种,下列关于所设定字号大小的比较中,正确的是( )。
    A. "四号"大于"五号"　　　　B. "四号"小于"五号"
    C. "16"磅大于"18"磅　　　　D. 字的大小一样,字体不同

14. 在中文WPS文字的编辑状态,打开一个文档,对文档没作任何修改,随后单击WPS文字主窗口标题栏右侧的"关闭"按钮或者单击"文件"菜单中的"退出"命令,则( )。
    A. 仅文档窗口被关闭　　　　B. 文档和WPS文字主窗口全被关闭
    C. 仅WPS文字主窗口被关闭　　D. 文档和WPS文字主窗口全未被关闭

15. 在中文WPS文字中,若希望以树状结构来表示文档的标题多层次关系,应选择( )方式。
    A. 大纲视图　　B. Web版式视图　C. 阅读视图　　D. 页面视图

16. 在WPS文字文档中,对共有5个段落的文本进行编辑,若当前的光标在第3段的开头,下列操作不能用"查找替换"功能实现的是( )。
    A. 在全部文档中查找并一次全部替换
    B. 只在第1段和第2段中查找并一次全部替换
    C. 只在第3段和第4段中查找并一次全部替换
    D. 只在第3段、第4段和第5段中查找并一次全部替换

17. 在中文WPS文字窗口中打开一个80页的文档,若要快速定位在42页,可以( )。
    A. 用向下或向上箭头定位在42页
    B. 用垂直滚动条快速移动文档定位在42页
    C. 用PgUp或PgDn键定位在42页

D. 执行"编辑"菜单中的"定位"命令,然后在其对话框中输入页号42

18. 要将文档保存在新建的文件夹中,应当单击"另存为"对话框中的( )按钮。
    A. ▢ B. ← C. ◉ D. ⬆

19. 在中文WPS文字窗口中显示"标尺",应选择( )。
    A. "开始"选项卡   B. "视图"选项卡
    C. "页面布局"选项卡   D. "章节"选项卡

20. 在文档编辑区的左下边有3个按钮,其中页面视图按钮是( )。
    A. ▤ B. ▦ C. ▤ D. ▤

21. 删除一个段落标记,可以使该段落与下一段落合成一个段落,新段落的格式是( )。
    A. 前一段落的格式   B. 后一段落的格式
    C. 各段落保持原有格式   D. 两段落格式交换

22. 用鼠标选定表格单元格的方法是,将鼠标移至该单元格中( )边缘处单击鼠标左键。
    A. 左 B. 右 C. 顶 D. 底

23. 在中文WPS文字编辑状态进行"粘贴"操作,可以单击常用工具栏中的( )按钮。
    A. ▢ B. ▢ C. ▢ D. ▢

24. 中文WPS文字中,如果错误地删除了文本,可用常用工具栏中的( )按钮将被删除的文本恢复到屏幕上。
    A. ▢ B. ▢ C. ▢ D. ▢

25. 在WPS文字中许多操作要求在操作前选定文本块,如剪切、复制、移动、设置字体等,下面( )操作是选定全文。
    A. 鼠标移至"选定栏"三击   B. 鼠标移至"选定栏"双击
    C. 鼠标移至"选定栏"单击   D. 鼠标移至"选定栏"外任意位置三击

26. 在中文WPS文字中,要选定整个文档,可按快捷键( )。
    A. Alt+A B. Ctrl+A C. Shift+A D. Esc+A

27. 对"WPS文字"按钮中所列的文件名,描述正确的是( )。
    A. 这些文件是后台运行的文档
    B. 这些文件是目前已经打开的文档
    C. 这些文件是目前正在排队等待打印的文档
    D. 这些文件是最近打开过的文档

28. 在WPS文字文档窗口编辑区的文本选定栏中,不可以( )。
    A. 选定一个段落   B. 选定整个文本
    C. 选定一行   D. 选定段落中的某一个字符

29. 用( )的"项目符号和编号"命令,可自行编辑项目符号和编号样式。
    A. "开始"选项卡   B. "视图"选项卡
    C. "插入"选项卡   D. "引用"选项卡

30. 打开 WPS 文字文档一般是指（   ）。
    A. 从内存中读文档的内容，并显示出来
    B. 为指定文件开设一个新的、空的文档窗口
    C. 把文档的内容从磁盘调入内存，并显示出来
    D. 显示并打印出指定文档的内容

31. 在中文 WPS 文字编辑状态，当前编辑的文档是 C 盘中的 d1.doc 文档，要将该文档存入软盘，应当使用（   ）。
    A. "文件"菜单中的"另存为"命令
    B. "文件"菜单中的"保存"命令
    C. "文件"菜单中的"新建"命令
    D. "插入"菜单中的命令

32. 在 WPS 文字中可通过页面设置进行（   ）的设置操作。
    A. 纸张大小   B. 行间距   C. 段落格式   D. 首字下沉

33. 在中文 WPS 文字中，要将当前文档中已选定的某部分内容移到另一位置，应该使用（   ）。
    A. 复制与粘贴命令或按钮   B. 剪切与粘贴命令或按钮
    C. 剪切与复制命令或按钮   D. 清除与粘贴命令

34. 在中文 WPS 文字文档中，插入点定位在某个字符处，当选择某个段落样式时，该样式对（   ）起作用。
    A. 当前字符   B. 当前段落
    C. 当前行   D. 当前文档中的所有段落

35. 以下关于中文 WPS 文字查找功能不正确的是（   ）。
    A. 可指定查找范围为"向下"   B. 查找时可以区别格式
    C. 可以查找特殊字符   D. 可以在多个文档中同时查找目标

36. 下列关于中文 WPS 文字的叙述中，不正确的是（   ）。
    A. 在 WPS 文字窗口中，可以打开多个文档窗口，但只有一个是活动窗口
    B. 在 WPS 文字窗口中，打开的多个文档窗口可以通过文档标签切换
    C. 编辑文档时，可以设定每隔 10 分钟自动进行文档保存备份操作
    D. 鼠标移动滚动条，则屏幕内容随之改变，插入点位置随之改变

37. 在中文 WPS 文字表格中，单元格可以输入的信息（   ）。
    A. 只限于文字   B. 只限于数字
    C. 为文字、数字和图形等形式   D. 只限于文字和数字形式

38. 要复制选定的文本块，用鼠标拖动的方法应按（   ）键。
    A. Ctrl   B. Enter   C. Alt   D. Shift

39. 要使用中文 WPS 文字菜单命令对文本进行删除、复制、移动等操作，应选择的菜单为（   ）。
    A. "复制"   B. "编辑"   C. "视图"   D. "格式"

40. 在中文 WPS 文字中,"选定区"是位于文档窗口(　　)的狭长区域,在此区域中鼠标形状改变为箭头向右。
    A. 左侧　　　　B. 右侧　　　　C. 顶端　　　　D. 底端

41. 在中文 WPS 文字中,对表格单元格进行拆分与合并操作时,(　　)。
    A. 一个表格可以拆分成上下两个或右左两个
    B. 只能左右水平地进行
    C. 对表格单元的拆分要上下垂直进行,而合并要左右水平地进行
    D. 首先要选定单元格

42. 打开最近使用过的 A.doc 文档的操作,(　　)方法更快速。
    A. 单击"WPS 文字"选项卡的"打开"命令
    B. 单击"WPS 文字"选项卡中的 A.doc 文件名
    C. 单击工具栏上的"打开"按钮
    D. 按快捷键 Ctrl+O

43. 窗口右下角的有"显示比例"调节按钮的作用是(　　)。
    A. 可缩放光标所在行的字符　　　　B. 可缩放光标所在段的字符
    C. 可缩放全部字符　　　　　　　　D. 上述都不对

44. 在中文 WPS 文字中,若想用快捷键快速复制所选定的文本,可按(　　)。
    A. Ctrl+V　　　B. Ctrl+Z　　　C. Ctrl+C　　　D. Ctrl+X

45. 查找和替换功能十分强大,不属于其中的是(　　)。
    A. 替换操作可以对局部,也可以对全文
    B. 能够查找和替换特殊的字符
    C. 能够查找图形对象
    D. 能够用通配字符进行复杂的查找

46. 在中文 WPS 文字常用工具栏中,若"剪切"和"复制"按钮呈浅灰色时,则说明(　　)。
    A. 剪贴板不存在
    B. 剪贴板上已有内容
    C. 选定的文本块内容太长,剪贴板放不下
    D. 没有选定的文本块

47. 在 WPS 文字的编辑状态下,新建一个文档,若要将它以"w1.doc"为名存盘,不可执行(　　)。
    A. "WPS 文字"选项卡中的"保存"命令
    B. "WPS 文字"选项卡中的"另存为"命令
    C. "WPS 文字"选项卡中的"另存为 HTML"命令
    D. 单击文档标签中的"保存"按钮

48. 在编辑 WPS 文字文档时,应经常对文档进行保存。操作错误的是(　　)。
    A. 单击文档标签中的"保存"按钮
    B. 按快捷键 Ctrl+S

C. 单击"WPS 文字"选项卡中的"保存"命令
D. 单击"WPS 文字"选项卡中的"另存为"命令

49. 在中文 WPS 文字中,对选择图形的叙述,不正确的是( )。
    A. 选定图形或图片后,才能对其进行编辑操作
    B. 按住 Ctrl 键,依次单击各个图形,可以选择多个图形
    C. 按住 Shift 键,依次单击各个图形,可以选择多个图形
    D. 单击绘图工具栏上的"选择对象"按钮,在文本区内单击鼠标并拖动一个范围,把要选择的图形包括在内

50. 要删除选中段落的编号样式,可按常用工具栏( )按钮。
    A. [图]   B. [图]   C. [图]   D. [图]

51. 在文档编辑过程中,要将"Abc"替换为"ABC",应在查找条件中选( )。
    A. 全字匹配   B. 区分大小写
    C. 区分全角/半角   D. 使用通配符

52. 要在文本中输入中文标点,应单击"插入"选项卡中的( )。
    A. 分页符   B. 形状   C. 符号   D. 题注

53. 在 WPS 文字中,对选定图片进行环绕设置,应( )。
    A. 单击图片
    B. 选择"图片工具"选项卡中的"位置"按钮
    C. 执行 A 和 B
    D. 不能设置

54. 在中文 WPS 文字的编辑状态,当前正编辑一个新建文档"文档 1",执行"文件"菜单中的"保存"命令后,( )。
    A. "文档 1"被存盘
    B. 弹出"另存为"对话框,供用户进一步操作
    C. 自动以"文档 1"为名存盘
    D. 不能将"文档 1"存盘

55. 在中文 WPS 文字编辑状态,对当前文档中的文字进行替换操作,应当使用的选项卡是( )。
    A. 视图   B. WPS 文字   C. 审阅   D. 插入

56. 若要将所选的文本格式复制到多处,可以( )"格式刷"按钮。
    A. 双击   B. 单击   C. 右键双击   D. 右键单击

57. 在 WPS 文字的编辑状态,打开了"w1.doc"文档,若要将经过编辑后的文档以"w2.txt"为名存盘,应当执行"文件"菜单中的( )命令。
    A. 保存   B. 另存为 HTML   C. 另存为   D. 版本

58. 在中文 WPS 文字的编辑状态,要显示绘图工具栏,应当"插入"选项卡中的( )按钮。
    A. [图]   B. [图]   C. [图]   D. [图]

59. 在"打印"对话框的"页面范围"选项框中,选择"当前页"单选项,则打印的是(   )。
  A. 编辑区看到的页   B. 插入点所在页
  C. 第1页   D. 最后一页

60. 在中文WPS文字的编辑状态,要显示打印效果,应当单击文档标签栏中的(   )按钮。
  A. 🔍   B. 📄   C. 📄   D. 📂

61. 在中文WPS文字的"打印"命令对话框中,不能进行设置是(   )。
  A. 打印份数   B. 页码位置   C. 打印范围   D. 起始页码

62. 在中文WPS文字的编辑状态,要设计表格中文本的垂直对齐方式,应单击常用工具栏中的"表格和边框"按钮是(   )。
  A. 🔲   B. 📄   C. 🔲   D. 🔲

63. 在WPS文字中,有关打印预览的说法正确的是(   )。
  A. 在打印预览中可以编辑文档,不可以打印文档
  B. 在打印预览中不可以编辑文档,但可以打印文档
  C. 在打印预览中既可以编辑文档,也可以打印文档
  D. 在打印预览中既不可以编辑文档,也不可以打印文档

64. 在编辑中文WPS文字文档时,对所插入的图片,不能进行的操作是(   )。
  A. 放大或缩小   B. 修改其中的图形
  C. 从矩形边缘裁剪   D. 移动其在文档中的位置

65. 要改变文本框的属性,可将光标移至文本框的边上,当鼠标的形状变为(   )箭头时,单击右键弹出属性菜单进行设置即可。
  A. 左右双向箭头   B. 上下双向箭头
  C. 四向箭头   D. 对角双向箭头

66. 在中文WPS文字的编辑状态,选择了整个表格,执行了表格菜单中的"删除行"命令,则(   )。
  A. 整个表格被删除   B. 表格中一行被删除
  C. 表格中一列被删除   D. 表格中没有被删除的内容

67. 为快速生成表格可以从"插入"选项卡中选择(   )按钮。
  A. 🔲   B. 🔲   C. 🔲   D. 🔲

68. 在表格中若要将插入点移至下一个单元格,可按(   )键。
  A. Tab   B. Shift+Tab   C. Shift   D. Space

69. 单元格中纵向显示的文本对齐方式,有(   )。
  A. 左对齐、水平对齐、右对齐
  B. 左对齐、水平居中、右对齐
  C. 顶端对齐、居中对齐、底端对齐

D. 顶端对齐、左对齐、右对齐

70. 在中文 WPS 文字编辑状态,要在文档中添加符号"☆",应当使用(　　)中的命令。
   A. "开始"选项卡　　　　　　　　B. "引用"选项卡
   C. "页面布局"选项卡　　　　　　D. "插入"选项卡

71. 在中文 WPS 文字中选定文字块时,若块中包含的文字有多种字号,在"开始"选项卡的"字体"框将显示(　　)。
   A. 块首字符的字号　　　　　　　B. 空白
   C. 块中最小的字号　　　　　　　D. 块中最大的字号

72. 在中文 WPS 文字的编辑状态,文档窗口显示出水平标尺,拖动水平标尺上沿的"首行缩进"滑块,则(　　)。
   A. 文档中各段落的首行起始位置都重新确定
   B. 文档中被选择的各段落首行起始位置都重新确定
   C. 文档中各行的起始位置都重新确定
   D. 插入点所在行的起始位置被重新确定

73. 在中文 WPS 文字的编辑状态,要将当前编辑文档的标题设置为居中格式,应先将插入点移到该标题上,再单击格式工具栏的(　　)按钮。
   A. ▤　　　　B. ▤　　　　C. ▤　　　　D. ▤

74. 在下列操作中,(　　)不能在文档中插入图片。
   A. 使用剪切板中已有的图片,通过粘贴操作插入图片
   B. 使用"插入"选项卡中的"文件"选项
   C. 使用"插入"选项卡中的"对象"选项
   D. 选择"插入"选项卡中的"图片"选项

75. 在中文 WPS 文字文档编辑中,设置行间距要使用"开始"项卡中的(　　)命令组。
   A. 编辑　　　B. 样式　　　C. 段落　　　D. 字体

76. 若要将选定的文本块设置为粗体,应在格式工具栏中按(　　)按钮。
   A. B　　　　B. I　　　　C. U　　　　D. A

77. 当前插入点在表格中的某行的最后一个单元格内,按 Enter 键后(　　)。
   A. 所在的行加增高　　　　　　　B. 插入点所在的列加宽
   C. 在插入点下一行增加一行　　　D. 对表格没起作用

78. 当前插入点在表格中的最后一个单元格内,按 Tab 键后(　　)。
   A. 表格没有影响　　　　　　　　B. 插入点所在的行加宽
   C. 表格中的最下面增加一行　　　D. 插入点所在的列加宽

79. 中文 WPS 文字文档正文段落对齐方式有左对齐、右对齐、居中、分散对齐和(　　)。

A. 上下对齐　　　B. 前后对齐　　　C. 内外对齐　　　D. 两端对齐

80. 用中文 WPS 文字编辑文档时,可使用(　　)中"页眉和页脚"命令,来建立页眉和页脚。

　　A."引用"选项卡　　　　　　　　B."视图"选项卡
　　C."插入"选项卡　　　　　　　　D."开始"选项卡

81. 在中文 WPS 文字中,有关文档分页的叙述错误的是(　　)。

　　A. 自动分页符能被删除
　　B. WPS 文字文档可以自动分页,也可人工分页
　　C. 将插入点置于人工分页符之上,按 Del 键就可以将其删除
　　D. 分页标志前一页结束,后一页开始

82. 在中文 WPS 文字编辑的文档中,对打开的文档进行字体、字号设置操作后,按新设置字体、字号显示的文字是(　　)。

　　A. 文档被选定的文字　　　　　　B. 文档中的全部文字
　　C. 插入点所在段落中的文字　　　D. 插入点所在行的文字

83. 中文 WPS 文字处理程序显示的文字大小为(　　)。

　　A. 最大字为初号,最小字为八号
　　B. 最大字为初号,最小字为小八号
　　C. 最大字为 1638 磅,最小字为 0 磅
　　D. 最大字为 1638 磅,最小字为 1 磅

84. 在使用中文 WPS 文字编辑文件 A.DOC 时,为了将软盘上的 B.DOC 的文件直接加到它的后面,应执行(　　)。

　　A."插入"选项卡中的"文件"命令
　　B."插入"选项卡中的"对象"命令
　　C."插入"选项卡中的"打开"命令
　　D."插入"选项卡中的"交叉引用"命令

85. 在中文 WPS 文字中,可使用(　　)中"分页符"命令,使文档强制分页。

　　A."章节"选项卡　　　　　　　　B."视图"选项卡
　　C."插入"选项卡　　　　　　　　D."开始"选项卡

86. 用中文 WPS 文字编辑文档时,要给选定的文本添加底纹,可执行(　　)中的命令。

　　A."插入"选项卡　　　　　　　　B."页面布局"选项卡
　　C."视图"选项卡　　　　　　　　D."开始"选项卡

87. 在中文 WPS 文字的编辑状态下,对图形进行操作,叙述不正确的是(　　)。

　　A. 绘制的图形,要选定后才能修改
　　B. 鼠标移至图形上,鼠标形状变为四向箭头时,单击左键是选中该图形
　　C. 按 Delete 键,不能删除选中的一组图形
　　D. 当鼠标形状变为四向箭头时,按下鼠标左键拖动,可移动选中图形

88. 按住（　　）键,再单击已选中的信息要延伸的位置,可延伸选中所需的文字。
   A. Ctrl B. Alt C. Esc D. Shift

89. 启动中文WPS文字后,默认的新文档的名字为（　　）。
   A. 文档1 B. 新文档 C. 文档 D. 我的文档

90. 在中文WPS文字中,活动文档的文件名放在（　　）。
   A. 文档标签栏 B. 状态栏 C. 标题栏 D. 选项卡栏

91. 在中文WPS文字中,有关表格操作的叙述中,不正确的是（　　）。
   A. 文本能转换成表格 B. 表格能转换成文本
   C. 文本与表格可以相互转换 D. 文本与表格不可以相互转换

92. 中文WPS文字具有分栏功能,下列关于分栏的说法正确的是（　　）。
   A. 最多可以设4栏 B. 各栏的宽度必须相等
   C. 各栏的宽度可以不同 D. 各栏的间距是固定的

93. 在中文WPS文字中,为了选择纸张大小,可以在（　　）选项中选择纸张大小命令。
   A. 开始 B. 视图 C. 页面 D. 审阅

94. 在中文WPS文字中,关于设置页边距的说法不正确的是（　　）。
   A. 用户可以使用"页面设置"对话框来设置页边距
   B. 用户既可以设置左、右页边距,也可以设置上、下页边距
   C. 页边距的设置只影响当前页
   D. 用户可以使用标尺来调整页边距

95. 选定表格的某一列,按下Delete键（或Del键）,将（　　）。
   A. 删除该列各单元格的内容
   B. 删除该列第1单元格的内容
   C. 删除该列插入点所在单元格的内容
   D. 删除该列

96. 在中文WPS文字中,使用（　　）选项卡中的"表格"按钮命令,可在文档中建立一张空表。
   A. "开始" B. "插入" C. "页面布局" D. "表格"

二、填空题

1. 若要对文本框中的文字设置字体,应先选定文字,再单击鼠标＿＿＿＿＿＿＿,在出现的＿＿＿＿＿＿菜单中,选择"字体"。

2. 水平标尺上有首行缩进、＿＿＿＿＿＿＿、左缩进、右缩进标记滑块,左右移动滑块位置,可以标定边界的位置。

3. 在WPS文字编辑中,选中某个段落,连击两次"格式"工具栏上的"斜体"按钮,则该段落字符格式＿＿＿＿＿＿＿。

4. 垂直标尺上可设置页面的上、下边距和表格的＿＿＿＿＿＿＿。

5. 在＿＿＿＿＿＿选项卡的文件名是最近使用过的文档名。

6. 在中文 WPS 文字中，显示或隐藏标尺应执行_____选项卡中的命令。
7. 若要删除文档中的图文框，可在文档的页面视图中选定该图文框，按_____键。
8. 在当前编辑的文本中要插入另一个文本文档的做法是，首先设定当前文档中要插入文件的位置，然后单击_____选项卡的"对象"命令，在弹出对话框中设置好文档所在的文件夹、文件名，文件类型，单击"插入"按钮即可。
9. WPS 文字是一个非常优秀的_____软件。
10. 在 WPS 文字编辑中，选择一个矩形区域的操作是将鼠标移至待选择文本的左上角，然后按住_____键和鼠标左键拖动到文本块的右下角。
11. 在文本编辑区单击鼠标三次可快速选中插入点所在的_____。
12. 在文本区左边的选定栏中，单击是选定_____，双击鼠标左键是选定_____，三击鼠标左键是选定_____。
13. 要放弃所选定的文本，可用鼠标在选定区外任意位置_____。
14. 在 WPS 文字的文档中，文本输入总是从_____开始的。
15. "格式刷"既可设置_____格式，也可设置段落格式。
16. 在中文 WPS 文字中，输入的新字符总是覆盖了文档中已有的字符，原因是_____。
17. 若要使用 B5 纸打印一篇正在编辑的 WPS 文字文档，应单击_____菜单下的_____。
18. 在 WPS 文字中，对某段落的字体、字号、缩进、对齐等格式设置好后，希望在其他段落也用相同的格式时，应选用 WPS 中的_____功能将其保存。
19. 新建文档按"保存"后，若缺省文件名，则文件名为_____。
20. 新建文档默认"保存"位置是_____文件夹。
21. 在 WPS 文字中，为了删除选定表格的一行，应当使用的"表格工具"选项卡中的_____命令。
22. WPS 文字的文档经过修改后，通过"另存为"命令，既可以按原文件名存盘，也可按_____文件名存盘；既可以按 WPS 文字方式存盘，也可按_____方式存盘。
23. WPS 文字中，如果用户没有选模板，则使用_____模板。
24. WPS 文字文档的标签是_____用于正在打开文档的名字。
25. 应用段落样式时，插入点可在_____的任意位置，或选定段落中的任意文字；应用字符样式时必须选定字符。
26. 页面视图有_____和_____标尺。
27. 在 WPS 文字中，要删除插入符右边的字符，应用_____键。
28. 在 WPS 文字中，字符格式和段落格式的集合称为_____。
29. 在复制文本时，用鼠标按住选定的文本拖动时，应按住_____键。
30. 在 WPS 文字中，文档在_____视图方式和打印预览下屏幕显示内容与打印结果完全相同，即可看到分栏、页眉和页脚等。
31. 在 WPS 文字中，选定表格的单元格后，可进行的操作有插入、移动、_____、合并和删除。

32. WPS文字共有五种视图方式。在文档编辑区的左下角的五个按钮,它们依次是普通视图按钮、Web版式视图、_____、大纲视图和_____按钮。

33. 在WPS文字中,删除一个段落标记后,前后两段文字将合并成一个段落,后段落内容所采用的是_____格式。

34. 在WPS文字中,对字体常规设置一般分为:字体、字形、_____。

35. 在WPS文字中,执行"开始"→"替换"命令,在对话框中指定查找内容,但在"替换为"框中未输入任何内容,此时,若单击"全部替换"按钮,将把所查找到的内容_____。

36. 在WPS文字中,要将表格中的相邻的两单元格变成一个单元格,在选定此两个单元格后,应执行"表格工具"选项卡中_____命令。

37. 用户要编辑、查看或打印已有文档,应先_____已有文档。

38. 在WPS文字中,按Delete键或Backspace键,可将选定的内容删除;单击常用工具栏上的"剪切"按钮,也可将选定的内容删除。但前者没有将删除内容_____剪贴板,后者将删除内容_____剪贴板。

39. 在WPS文字文档编辑中,要完成移动、复制、删除等操作,必须先_____要编辑的区域,使该区域高亮显示。

40. 在WPS文字表格中,要选择整个表格可使用"表格"选项卡中的_____命令。

41. 在WPS文字输入文本时,若键盘英文字母处于大写状态,则_____输入汉字。

42. 在WPS文字的文本区输入内容时,按_____键将产生段落标记。

43. 当WPS文字将所选段落都设置成一级编号后,按_____键,就会将光标所在行设置为二级编号,依此类推。

44. 在WPS文字中,用户可以使用"开始"选项卡中的_____命令,自行选定项目符号和编号的式样。

45. 在WPS文字中输入文本时,每按一次键盘上的Enter键,就可产生一个_____。

46. 在WPS文字编辑中,若看不到段落标记符,可以单击"开始"选项卡中的_____按钮使其显示。

47. 在WPS文字窗口中,单击_____按钮可取消最后一次执行的命令效果。

48. 在WPS文字中,若要对选定的文字加下划线,应选择"开始"选项卡中的_____命令。

49. 在WPS文字中,要复制整个屏幕窗口的内容,可以按_____键。

50. 在WPS文字的"查找和替换"对话框中,单击_____按钮,可将找到的内容全部替换。

51. 在复制或移动一个段落时,为保持其格式不变,在选定这个段落时,应将_____包含在选定的文字块中。

52. 在WPS文字中,文本框的大小可以调整,但要先_____,然后用鼠标拖动布控点即可。

53. 若要打印当前文档的第3页、第5页到第20页,可在"打印"对话框中的"页面范围"中选择"页码范围"按钮同时输入_____。

54．中文WPS文字中,可使用"插入"选项卡中的_____命令,将其他文件的内容插入到当前文档中。

55．一个段落首行的起始位置在段落左边界的右侧时,称为_____。

56．编辑WPS文字中的艺术字,实际上是_____对象。

57．在WPS文字中,段落格式编排最基本的内容是:段落边界设定、段落_____的设定、行距及段落间距的设定。

58．页面左边缘与非缩进左端之间的距离称为_____。

59．在WPS文字中,要把N设置为M的N次方,可先选定N,然后设置字体格式为_____。

60．WPS文字中,可使用"插入"选项卡的_____命令,在文档的指定位置插入一个分页符。

61．WPS文字可根据用户对纸张大小的设置进行自动分页,但也允许进行强制分页。自动分页符是_____,强制分页符是在自动分页符上有_____字样。

62．当WPS文字处于自动设置项目编号功能后,文档中删除或增加某项时,则WPS文字_____自动调节其后边的编号。

63．要对图片进行环绕的设置,首先选中图片,然后在_____选项卡中选择"环绕"命令。

64．在WPS文字中,对图片进行修改应选择_____选项卡。

65．单击"开始"选项卡中的_____按钮,文档内被选定的图片或文本内容将被存放到剪贴板上,文档中被选定的内容不被删除。

66．设置段落对齐方式共五种,当格式工具栏中的四个对齐按钮都不按下时,默认为_____方式。

67．在WPS文字中,若想输入特殊的符号,应选择"插入"选项卡的_____。

68．在WPS文字中,中文字号越大,表示的字越_____。

69．在WPS文字中,选择_____选项卡中的"页面设置"命令组可进行页面设置。

70．在WPS文字文档编辑中绘制椭圆时,按_____键拖动可画出正圆。

71．在编辑WPS文字文档中,若要加上艺术字,可单击_____选项卡中的"艺术字"选项,再根据对话框做进一步操作。

72．若要将选定的内容复制到剪贴板,应使用_____快捷键。

73．在WPS文字中进行多级符号设置时,按_____可将三级编号变为二级编号。

74．在WPS文字中文版中,若希望改变某段落的行间距,可以先选中该段落,然后执行"开始"选项卡中的_____按钮命令。

75．在中文WPS文字的"开始"选项卡中,"复制"和_____的命令,可将选定的文本块放到剪贴板上。

76．在WPS文字中,若需新建一个段落样式,应选择_____选项卡下的"样式"命令。

77．_____是打印在文档每页顶部或底部的描述性的内容。

78. 若要在一篇文档中应用字符样式,首先应_____需应用样式的文字。

79. 在 WPS 文字中,页码是作为_____的一部分插入到文档中的。通过"插入"选项卡中的"页码"选项,既可设置页码在页面上的位置,又可设置页码的对齐方式。

80. WPS 文字表格中的每一个小方格被称做_____。

81. 在 WPS 文字中若需将一个表格拆分成两个表格,首先应将光标定位在_____,再执行_____选项卡中的"拆分表格"命令。

82. 若要打印一篇 WPS 文字文档中的第 3、4 页及第 8、9、10 页,应在"打印"对话框中的页码范围中输入_____。

三、简答题

1. 简述中文 WPS 文字启动和退出的方法。
2. 在 WPS 文字中,如何创建新文档?
3. 简述中文 WPS 文字中删除文本或图形的方法。
4. 在中文 WPS 文字中,"复制"和"剪切"命令(或 Ctrl+C 和 Ctrl+X 组合键)有什么不同?
5. 如何远距离复制和移动文本或图形?
6. 中文 WPS 文字中的"另存为"与"保存"命令有何区别?
7. 一篇文章由两人输入,要将两人输入的内容合并成一个文件,应如何操作?
8. 设置页边距的方法有哪些?
9. 在 WPS 文字文档中,要快速将编辑文档中各段落的首行缩进 2 个汉字,应如何操作?
10. 在删除少数字符时,Backspace 键和 Delete 键的区别是什么?
11. 简述中文 WPS 文字中复制文本或图形的几种方法。
12. 简述中文 WPS 文字中移动文本或图形的方法。
13. 简述在中文 WPS 文字中怎样插入分页符。如果想删除它,应当怎样操作?

4.2 参 考 答 案

一、单选题

1. B	2. A	3. C	4. A	5. D
6. B	7. A	8. C	9. C	10. C
11. B	12. C	13. A	14. B	15. A
16. C	17. D	18. A	19. B	20. D
21. A	22. A	23. C	24. B	25. A
26. B	27. D	28. D	29. D	30. C
31. A	32. B	33. B	34. B	35. D

36. D	37. C	38. A	39. B	40. A
41. D	42. B	43. C	44. C	45. C
46. D	47. C	48. D	49. B	50. B
51. B	52. C	53. C	54. B	55. D
56. A	57. C	58. A	59. B	60. B
61. B	62. C	63. B	64. B	65. C
66. B	67. B	68. A	69. C	70. D
71. B	72. B	73. B	74. B	75. C
76. A	77. A	78. C	79. D	80. B
81. A	82. A	83. D	84. A	85. C
86. D	87. C	88. D	89. A	90. C
91. D	92. C	93. C	94. C	95. A
96. D				

二、填空题

1. 右键　快捷
2. 悬挂
3. 不变
4. 行高
5. 文件
6. 视图
7. Delete
8. 插入
9. 文字处理
10. ALT
11. 段落
12. 一行　一段　全文
13. 单击
14. 插入点
15. 字符格式
16. 处于改写状态
17. 文件　页面设置
18. 样式
19. 第1行若干字
20. My Documents（或我的文档）
21. 删除
22. 新　非 Word
23. 通用
24. 标题栏
25. 该段落中
26. 水平　垂直
27. Delete
28. 样式
29. Ctrl
30. 页面
31. 拆分
32. 页面视图　阅读版式视图
33. 前段落
34. 字号
35. 删除
36. 合并单元格
37. 打开
38. 移至　移至
39. 选中
40. 选择
41. 不能
42. Enter
43. Tab
44. 项目符号和编号
45. 段落标记
46. "显示/隐藏编辑标记"

47. 撤销
48. 字体
49. Print screen
50. "全部替换"
51. 段落标记或段落结束符
52. 选中
53. 3,5-20
54. 文件
55. 首行缩进
56. 图形
57. 对齐方式
58. 左页边距
59. 上标
60. 分隔符
61. 虚线　分页符
62. 可以
63. 边框和底纹
64. 图片
65. 复制
66. 左对齐
67. 符号
68. 小
69. 文件
70. Shift
71. 插入
72. Ctrl＋C
73. Shift＋Tab 键
74. 段落
75. 剪切
76. 格式
77. 页眉和页脚
78. 选中
79. 页眉和页脚
80. 单元格
81. 第 2 个表格的行首　表格
82. 3,4,8-10

第 5 章 演示文稿习题

5.1 习题

一、单选题

1. WPS 演示中默认的新建文件名是（　　）。
   A. SHEET1　　　　B. 演示文稿 1　　　C. BOOK1　　　　D. 文档 1
2. WPS 演示幻灯片的默认文件扩展名是（　　）。
   A. .PPT　　　　　B. .POT　　　　　　C. .DOT　　　　　D. .PPZ
3. WPS 演示属于（　　）。
   A. 高级语言　　　B. 操作系统　　　　C. 语言处理软件　D. 应用软件
4. 为所有幻灯片设置统一、特有的外观风格，应使用（　　）。
   A. 母版　　　　　B. 配色方案　　　　C. 自动版式　　　D. 幻灯片切换
5. 当在交易会进行广告片的放映时，应该选择（　　）放映方式。
   A. 演讲者放映　　　　　　　　　　　B. 观众自行放映
   C. 在展台浏览　　　　　　　　　　　D. 需要时按下某键
6. 如果要求幻灯片能够在无人操作的环境下自动播放，应事先对演示文稿（　　）。
   A. 设置动画　　　B. 排练计时　　　　C. 存盘　　　　　D. 打包
7. 下列叙述中，错误的是（　　）。
   A. 用演示文稿的超级链接可以跳到其他演示文稿
   B. 幻灯片中动画的顺序由幻灯片中文字或图片出现的顺序决定
   C. 幻灯片可以设置展台播放方式
   D. "幻灯片设计模板"可以快速地为演示文稿设置统一的背景图案和配色方案
8. 如果要终止幻灯片的放映，可直接按（　　）。
   A. Ctrl＋C　　　　B. Esc　　　　　　C. End　　　　　D. Alt＋F4
9. 对于演示文稿中不准备放映的幻灯片可用（　　）选项卡中的"隐藏幻灯片"命令隐藏。
   A. 工具　　　　　B. 视图　　　　　　C. 幻灯片放映　　D. 编辑
10. WPS 演示中，没有（　　）。
    A. 联机版式视图　B. 普通视图　　　　C. 放映视图　　　D. 浏览视图

11. 设置幻灯片动画效果可以在( )选项卡中的"动画方案"命令中执行。
    A. 格式　　　　　B. 幻灯片放映　　C. 工具　　　　D. 视图
12. 在播放演示文稿时,( )。
    A. 只能按幻灯片的自然排列顺序播放
    B. 只能按幻灯片的编号顺序播放
    C. 可以按任意顺序播放
    D. 不能倒回去播放
13. ( )不是合法的"打印内容"选项。
    A. 幻灯片　　　B. 备注页　　　　C. 讲义　　　　D. 幻灯片浏览
14. 为了使一份演示文稿中的所有幻灯片中都具有公共的对象,应使用( )。
    A. 自动版式　　B. 母版　　　　　C. 备注页幻灯片　D. 大纲视图
15. 不能用于播放演示文稿的操作方法是单击( )。
    A. "视图"→"幻灯片放映"命令
    B. "幻灯片放映"→"从头开始"命令
    C. WPS演示窗口右下角的"幻灯片放映"按钮
    D. "开始"→"从当前幻灯片开始"命令
16. 如果要将WPS演示文稿用IE浏览器打开,则文件的保存类型应为( )。
    A. 演示文稿　　　　　　　　　　B. Web页
    C. 演示文稿设计模板　　　　　　D. WPS演示放映
17. 对于知道如何建立新演示文稿的内容但不知道如何使其美观的使用者来说,在WPS演示启动后应选择( )。
    A. 内容提示向导　　　　　　　　B. 模板
    C. 空白演示文稿　　　　　　　　D. 打开已有的演示文稿
18. 当在幻灯片插入了声音后,幻灯片中将出现( )。
    A. 喇叭标记　　B. 链接说明　　　C. 一段文字说明　D. 链接按钮
19. 在幻灯片游览视图下,以下( )是不可以进行的操作。
    A. 插入幻灯片　　　　　　　　　B. 删除幻灯片
    C. 改变幻灯片的顺序　　　　　　D. 编辑幻灯片中的文字
20. 在幻灯片母版视图下,( )可以反映在幻灯片的实际放映中。
    A. 设置的标题颜色　　　　　　　B. 绘制的图形
    C. 插入的剪贴画　　　　　　　　D. 以上均可
21. 在美化演示文稿版面时,以下不正确的说法是( )。
    A. 套用模板后将使整套演示义稿有统一的风格
    B. 可以对某张幻灯片的背景进行设置
    C. 可以对某张幻灯片修改配色方法
    D. 无论是套用模板、修改配色方案、设置背景,都只能使各张幻灯片风格统一
22. 演示文稿中的每张幻灯片都是基于某种( )创建的,它预定义了新建幻灯片的各种占位符的布局情况。

A. 视图 B. 母版 C. 模板 D. 版式

23. 在WPS演示中,选择"格式"菜单中的( )命令,可以改变当前一张幻灯片的布局。
   A. 幻灯片版式 B. 幻灯片配色方案
   C. 应用设计模板 D. 母版

24. 创建一套含有内容的新演示文稿的最快捷方式为( )。
   A. 创建空演示文稿 B. 使用演示文稿模板
   C. 使用母版 D. 使用内容提示向导

25. 下列( )不是WPS演示选项卡的名称。
   A. 开始 B. 设计 C. 动画效果 D. 视图

26. "开始"选项卡中的按钮 代表( )命令。
   A. 居中对齐 B. 加大左边距 C. 加大右边距 D. 分散对齐

27. 在WPS演示中,要同时选中多个图形,可以先按住( )键,再用鼠标单击要选中的图形对象。
   A. Shift B. Ctrl C. Alt D. Tab

28. 下列对象中,不能插入WPS演示幻灯片的是( )。
   A. WPS表格图表 B. WPS表格工作簿
   C. WPS文字文档 D. BMP图像

29. 下列叙述中,错误的是( )。
   A. 插入幻灯片中的图片是不能改变其大小尺寸的
   B. 打包时可以将与演示文稿相关的文件一起打包
   C. 在幻灯片放映视图中,用鼠标右键单击任意位置,就可以打开放映控制菜单
   D. 在幻灯片放映过程中,可以使用绘图笔在幻灯片上书写或绘画

30. 在幻灯片中插入动作按钮 的系统默认含义是( )。
   A. 提供帮助 B. 提供影片
   C. 跳转至第一张幻灯片 D. 退出放映

31. 下列各种放映方式中,不能以全屏幕方式播放演示文稿的是( )。
   A. 演讲者放映 B. 观众自行浏览 C. 在展台浏览 D. 循环播放

32. *.POT文件是( )文件类型。
   A. 演示文稿 B. 模板文件 C. 其他版本文稿 D. 可执行文件

33. 下列关于幻灯片放映的叙述中,错误的是( )。
   A. 幻灯片中的动画效果只能在播放时才能看到
   B. 可以为幻灯片设置自动换片的时间间隔
   C. 可以在播放时不加用户设置的动画效果
   D. 可以只播放指定的部分幻灯片

34. 下列关于WPS演示页眉与页脚的叙述中,错误的是( )。
   A. 可以插入时间和日期
   B. 可以自定义内容

C. 页眉页脚的内容在各种视图下都能看到

D. 在编辑页眉页脚时,可以对幻灯片正文内容进行操作

35. 有关WPS演示中打印命令的说法,错误的是( )。

   A. 可以打印演示文稿的大纲

   B. 可以在"打印"对话框中更改打印机属性

   C. 可以使用"打印预览"命令显示打印后幻灯片的外观

   D. 彩色幻灯片可以以灰度或黑白方式打印

36. 在WPS演示"开始"选项卡中列出的文件名列表是( )。

   A. 最近建立过的几个演示文稿　　B. 最近使用过的几个演示文稿

   C. 当前打开的几个演示文稿　　　D. 以上都不对

37. 下列关于动作按钮的叙述中,错误的是( )。

   A. "◁"动作按钮的功能是跳转到"上一张幻灯片"

   B. 各种动作按钮的功能由系统指定,不可更改

   C. 系统默认动作按钮"⌂"和"◁"的链接指向相同

   D. "▯"动作按钮的功能是单击后运行某指定的应用程序

38. WPS演示的"超级链接"命令可实现( )。

   A. 实现幻灯片之间的跳转　　　　B. 实现演示文稿幻灯片的移动

   C. 中断幻灯片的放映　　　　　　D. 在演示文稿中插入幻灯片

39. 幻灯片母版不能用于控制幻灯片的( )。

   A. 标题的字号　　　　　　　　　B. 背景色

   C. 项目符号样式　　　　　　　　D. 大小尺寸

40. 下列关于幻灯片母版的叙述中,错误的是( )。

   A. 如果在母版中将标题的颜色设置为红色,则所有幻灯片的标题将自动变为红色

   B. 如果在母版中为标题设置"飞入"动画,则播放时所有幻灯片的标题都将具有"飞入"的动画效果

   C. 可以为某张幻灯片设置与母版不一致的背景效果

   D. 母版中的格式与对象可以修改,但不能删除

41. 在WPS演示幻灯片中插入的超级链接,可以链接到( )。

   A. Internet上的Web页　　　　　B. 电子邮件地址

   C. 本地磁盘上的文件　　　　　　D. 以上均可以

42. 在幻灯片浏览视图中,以下叙述错误的是( )。

   A. 在按住Shift键的同时单击幻灯片,可选择多个相邻的幻灯片

   B. 在按住Shift键的同时单击幻灯片,可选择多个不相邻的幻灯片

   C. 可同时为选中的多个幻灯片设置幻灯片切换动画

   D. 可同时将选中的多个幻灯片隐藏起来

43. 在菜单中选择插入幻灯片副本命令后,( )。

   A. 出现选取应用幻灯片版式窗格

B. 直接插入新幻灯片

C. 直接插入与上一张幻灯片内容相同的新幻灯片

D. 直接插入一张空白的新幻灯片

44. WPS演示的"设计模板"包含(　　)。

A. 预定义的幻灯片版式

B. 预定义的幻灯片背景颜色

C. 预定义的幻灯片配色方案

D. 预定义的幻灯片样式和配色方案

45. 在"幻灯片切换"窗格中,可以设置的选项是(　　)。

A. 效果　　　　B. 声音　　　　C. 换页速度　　　　D. 以上均可

46. 幻灯片声音的播放方式是(　　)。

A. 执行到该幻灯片时自动播放

B. 执行到该幻灯片时不会自动播放,必须双击该声音图标才能播放

C. 执行到该幻灯片时不会自动播放,必须单击该声音图标才能播放

D. 由插入声音图标时的设定决定播放方式

47. 要同时选择第1、2、5三张幻灯片,应该在(　　)视图下操作。

A. 幻灯片放映视图　　B. 备注页　　　C. 幻灯片浏览　　　D. 以上均可

48. 在幻灯片"动作设置"对话框中设置的超级链接,其对象不能是(　　)。

A. 下一张幻灯片　　　　　　　　　B. 上一张幻灯片

C. 其他演示文稿　　　　　　　　　D. 幻灯片中的某一对象

49. 幻灯片中占位符的作用是(　　)。

A. 表示文本长度　　　　　　　　　B. 限制插入对象的数量

C. 表示图形大小　　　　　　　　　D. 为文本、图形预留位置

50. 下列叙述中,正确的是(　　)。

A. 在一个演示文稿中,可以同时使用不同的模板

B. 一个演示文稿只有一个母版

C. 在幻灯片浏览视图下,无法看到被隐藏起来的幻灯片

D. 在幻灯片编辑视图下,无法看到被隐藏起来的幻灯片

二、填空题

1. 在幻灯片上如果需要一个按钮,当放映幻灯片时单击此按钮即可跳转到另外一张幻灯片,则必须为此按钮设置_____。

2. 控制幻灯片放映的三种方式是_____、_____和_____。

3. 在浏览视图中选择多个幻灯片,应先按住_____键或是_____键。

4. 要为全部幻灯片添加一个统一的徽标图案,应使用_____设置。

5. 在WPS演示中,用"设计"选项卡中的_____命令可以改变某一张幻灯片的布局。

6. 做完一张幻灯片后要做第二张,应在"插入"选项中选择_____命令。

7. 幻灯片的切换方式有手动和自动两种,手动方式是指用四种操作之一就可以,这四种操作分别是_____、_____、_____、_____。
8. 在屏幕状态栏中写的"幻灯片 5/12"表示_____。
9. 创建新幻灯片时出现的虚线框称为_____。
10. 快捷键_____可执行"幻灯片放映"菜单命令。
11. 状态栏按钮组 从左至右分别指_____、_____和_____视图。
12. 演示文稿通常是按自然顺序放映的。如果需要改变这种顺序,可以借助于_____的方法来实现。
13. 在 WPS 演示中,修饰幻灯片主要有_____、_____和_____三种途径。
14. 在 WPS 演示中,在幻灯片中插入连续的循环图,应选择_____。
15. WPS 演示文稿扩展名为_____。

三、简答题

1. 如何为幻灯片增加编号?
2. 建立演示文稿有几种方法?建立好的幻灯片能否改变其幻灯片的版式?
3. 使用什么功能可以使 WPS 演示在演示幻灯片时转去执行其他应用程序?
4. 如何将制作好的演示文稿带到另一台计算机上运行?
5. "幻灯片配色方案"和"背景"这两条命令有什么区别?

5.2 参 考 答 案

一、单选题

1. B	2. A	3. D	4. A	5. C
6. B	7. B	8. B	9. C	10. A
11. B	12. C	13. D	14. B	15. D
16. B	17. B	18. A	19. D	20. D
21. D	22. D	23. A	24. B	25. C
26. D	27. A	28. B	29. A	30. C
31. B	32. B	33. A	34. D	35. C
36. B	37. B	38. A	39. D	40. D
41. D	42. B	43. C	44. D	45. D
46. D	47. C	48. D	49. D	50. A

二、填空题

1. 超级链接
2. 演讲者放映　观众自行浏览　在展台浏览

3. Shift　Ctrl
4. 母版
5. 幻灯片版式
6. 新幻灯片
7. 单击鼠标　Enter 键　回车键　PgDn 键
8. 此演示文稿共 12 张幻灯片,当前幻灯片是第 5 张
9. 占位符
10. F5
11. 普通　幻灯片浏览　幻灯片放映
12. 超级链接
13. 模板　母版　配色方案
14. 插入/图示命令
15. .ppt

第 6 章 电子表格习题

6.1 习题

一、单选题

1. 在 WPS 表格默认情况下,含有公式的单元格成为活动单元格时,该单元格包含的公式将显示在( )内。
   A. 状态栏　　　　B. 名称栏　　　　C. 公式栏　　　　D. 编辑栏

2. 在 WPS 表格中,直接处理的对象称为工作表,若干工作表的集合称为( )。
   A. 工作簿　　　　B. 文件　　　　　C. 字段　　　　　D. 活动工作簿

3. 在 WPS 表格中,若要在工作表的某个单元格中输入数字 4180000000,则应该输入( )。
   A. 4.18E+09　　　B. 4.18E09　　　C. 4.18E9　　　　D. 以上都对

4. 在 WPS 表格中,工作簿名称被放置在( )。
   A. 文档标签栏　　B. 标签行　　　　C. 工具栏　　　　D. 信息行

5. 若将工作表 A1 单元格的公式"＝C＄1＊＄D2"复制到 B2 单元格,则 B2 的公式为( )。
   A. ＝D＄1＊＄D3　　　　　　　B. ＝C＄1＊＄D3
   C. ＝C＄1＊＄D2　　　　　　　D. ＝E＄2＊＄E2

6. 工作表 K6 单元格的内容为公式"＝F6＊＄D＄4",若在第三行插入一行,则插入后 K7 单元格中的公式将调整为( )。
   A. ＝F7＊＄D＄5　　　　　　　B. ＝F7＊＄D＄4
   C. ＝F6＊＄D＄4　　　　　　　D. ＝F6＊＄D＄5

7. 在 WPS 表格中,将所选的多列按指定的数值调整为等列宽,最快的方法是( )。
   A. 直接在列标处拖动到等列宽
   B. 一列一列地调整
   C. 选择"开始"→"行和列"命令
   D. 选择"开始"→"行和列"→"最合适列宽"菜单命令

8. 在 WPS 表格中,B1 单元格中为"计算机",B2 单元格中为"网络",则公式"＝B1＋B2"的结果是( )。

A. ♯NAME? B. ♯VALUE! C. 计算机网络 D. 以上都不对

9. 在WPS表格中文版中,可以自动产生序列的数据是( )。
   A. 一 B. 1 C. 第三季度 D. 九

10. 在WPS表格中,单元格地址是指( )。
    A. 每一个单元格 B. 每一个单元格的大小
    C. 单元格所在的工作表 D. 单元格在工作表中的位置

11. 在WPS表格中,要在某单元格中输入1/2,应该输入( )。
    A. 0 1/2 B. 1-0.5 C. 0.5 D. 2/4

12. 在WPS表格中,把单元格指针移动到AZ2500单元格最快速的方法是( )。
    A. 拖动滚动条
    B. 按Ctrl+方向键
    C. 在名称框输入AZ2500,并按Enter键
    D. 先用Ctrl+→键移动到AZ列,再用Ctrl+↓键移动到1000行

13. 在WPS表格中输入分数时,不能以(?/?)形式直接输入,以免与( )格式混淆。
    A. 日期 B. 货币 C. 数值 D. 文本

14. 在WPS表格中,工作表的单元格区域A1:A4的内容依次为5、10、15、20,在B2单元格中输入公式"=A1*2^3"。若将B2单元格的公式复制到B3单元格,则B3单元格的结果是( )。
    A. 60 B. 80 C. 8000 D. 以上都不对

15. 在WPS表格中如果要修改计算的顺序,需把公式首先计算的部分括在( )内。
    A. 圆括号 B. 双引号 C. 单引号 D. 中括号

16. 在WPS表格中,以下有关格式化工作表的叙述不正确的是( )。
    A. 数字格式只适用于单元格中的数值数据
    B. 字体格式只适用于单元格中的数值数据和文本数据
    C. 使用"格式刷"只能在同一张工作表中进行格式化
    D. 使用"格式刷"可以格式化工作表中的单元格

17. 在WPS表格中,若在编辑栏输入公式"="95-4-12"-"95-3-3"",将在活动单元格中得到( )。
    A. 41 B. 94-3-10 C. 0-3-10 D. 40

18. 在WPS表格中,如果单元格A4的值为9,单元格A6的值为4,单元格A8中为公式"=IF(A4/3>A6,"OK","GOOD")",则A8的值应当是( )。
    A. OK B. GOOD C. ♯REF! D. 以上都不是

19. 下面关于WPS表格页面设置功能的说法中,正确的是( )。
    A. 无法按草稿方式打印 B. 系统默认打印当前工作表
    C. 打印必须先行后列 D. 打印必须先列后行

20. 在 WPS 表格中,下列说法不正确的是( )。
    A. 若要删除一行,应先选中该行,再按 Delete 键
    B. 若要选中一行,单击该行行号即可
    C. 若想激活某一单元格,单击此单元格即可
    D. 为了创建图表,可以选择"插入|图表"菜单命令
21. 要在 WPS 表格工作簿中同时选择多个不相邻的工作表,可以按住( )键的同时依次单击各个工作表的标签。
    A. Ctrl   B. Alt   C. Shift   D. Ctrl 或 Shift
22. WPS 表格工作表 K5 单元格的值为 7564.375,执行某些操作之后,K5 单元格中显示一串"♯"符号,说明 K5 单元格的( )。
    A. 格式有错,无法计算
    B. 数据已经因操作失误而丢失
    C. 显示宽度不够,只要调整宽度即可
    D. 格式与类型不匹配,无法显示
23. 在 WPS 表格中,下面叙述中不正确的是( )。
    A. 在单元格名称框中不可以填入单元格区域,如 A1:D5
    B. 在单元格名称框中可以填写单元格的地址
    C. 在单元格名称框中可以显示出当前单元格的地址
    D. 在单元格名称框中可以填入各种形式的单元格的地址
24. 在 WPS 表格中单元格的格式( )更改。
    A. 一旦确定,将不可   B. 可随时
    C. 依输入数据的格式而定,并不能   D. 更改一次后,将不可
25. 在 WPS 表格中建立图表时,一般( )。
    A. 先输入数据,再建立图表   B. 建完图表后,再输入数据
    C. 在输入的同时,建立图表   D. 首先新建一个图表标签
26. 当 WPS 表格中的图表被选中后,选项卡栏内容( )。
    A. 发生了变化   B. 没有变化
    C. 均不能使用   D. 与图表操作无关
27. 以下关于 WPS 表格叙述中,只有( )是正确的。
    A. WPS 表格将工作簿的每一张工作表分别作为一个文件来保存
    B. WPS 表格允许同时打开多个工作簿文件进行处理
    C. WPS 表格的图表必须与生成该图表的数据处于同一工作表上
    D. WPS 表格工作表的名称由文件名决定
28. 下列( )不是 WPS 表格数据输入类型。
    A. 文本输入   B. 图表输入
    C. 公式输入   D. 日期时间数据输入
29. 在 WPS 表格中,图表是( )。
    A. 工作表数据的图形表示

B. 照片

C. 可以用画图工具进行编辑的

D. 根据工作表数据用画图工具绘制的

30. 在WPS表格中,若单元格A1的内容为"7",单元格B1的内容为TRUE,则公式"=SUM(A1,B1,2)"的值是( )。
  A. 9   B. 2   C. 10   D. 错误信息

31. 在WPS表格中产生图表的基础数据发生变化后,图表将( )。
  A. 发生相应的改变   B. 发生改变,但与数据无关
  C. 不会改变   D. 被删除

32. 数据系列指的是( )。
  A. 表格中所有的数据   B. 表格中选中的数据
  C. 一列或一行单元格的数据   D. 表格中有效的数据

33. 在WPS表格中图表中的图表项( )。
  A. 不可编辑   B. 可以编辑
  C. 不能移动位置,但可编辑   D. 大小可调整,内容不能改

34. 若计算机没有安装任何打印机的驱动程序,则WPS表格将( )。
  A. 不能预览,不能打印
  B. 只能预览,不能打印
  C. 按文件类型,有的能预览,有的不能预览
  D. 按文件大小,有的能预览,有的不能预览

35. 在WPS表格的每个单元格中,最多可以存放( )个字符。
  A. 8   B. 16   C. 255   D. 32000

36. 在制作WPS表格图表时,若希望强调数据随时间变化的趋势,则应选择的图表类则是( )。
  A. 柱形图   B. 条形图   C. 面积图   D. 折线图

37. 在WPS表格中,若利用自定义序列功能建立新序列,在输入新序列各项之间要加以分隔的符号是( )。
  A. 全角分号";"   B. 全角逗号","
  C. 半角分号";"   D. 半角逗号","

38. 地址为A1:C3的单元格区域表示( );地址为$A1:$C3的单元格区域表示( )。
  A. 相对引用   B. 绝对引用   C. 混合引用   D. 非法引用

39. 在WPS表格的公式中,( )用于指定对操作数或单元格引用数据执行哪种运算。
  A. 运算符   B. =   C. 操作数   D. 逻辑值

40. 在WPS表格中正确的算术运算符是( )等。
  A. + - * / >=   B. = <= >= <>
  C. + - * /   D. + - * / &

41. 对 WPS 表格中的"学生成绩表"进行高级筛选,若要筛选出平均成绩小于 60 分和大于 90 分的记录,则应在条件区域输入的条件是( )。

  A. 平均成绩   B. 平均成绩 平均成绩
   ＜60,＞90   ＜60   ＞90
  C. 平均成绩   D. 平均成绩 平均成绩
   ＜60   ＜60
   ＞90   ＞90

42. 在 WPS 表格公式中,使用字符常量时,该字符常量( )。

  A. 需用半角单引号括起来   B. 需用半角双引号括起来
  C. 需用半角单引号或双引号括起来 D. 不需使用任何定界符

43. 在 WPS 表格中,已知单元格 B5 内的公式为"＝B＄4＊E4＋＄D3",把它复制到单元格 H3 上,则 H3 单元格的实际运算的公式应该是( )。

  A. ＝H4＊K2＋D3   B. ＝H2＊K2＋D1
  C. ＝H4＊K2＋D1   D. ＝B4＊K2＋D3

44. 在 WPS 表格中,如果将单元格 A2 中的公式"＝B2＊＄C4"复制到单元格 C6 中,该公式应该是( )。

  A. ＝B2＊＄C4 B. ＝D6＊＄C8 C. ＝D6＊＄C4 D. ＝D6＊＄E8

45. 在 WPS 表格中,E4、E5、F4、F5、G4、G5 六个单元格中的值依次为 1、4、2、5、3、6,在 G7 单元格中输入公式"＝AVERAGE(E4,F5)",则 G7 中显示的值是( )。

  A. 3   B. 3.5   C. 1   D. 6

46. 若在工作簿 Book2 的当前工作表中,引用工作簿 Book1 中 Sheet1 工作表中 A2 单元格的数据,正确的引用方法是( )。

  A. [Book1.xls]!A2   B. Sheet1!＄A＄2
  C. [Book1.xls]sheet1!＄A＄2   D. Sheet1!A2

47. 在单元格 A2 中输入( ),可以使其显示 0.4。

  A. 2/5   B. "2/5"   C. ="2/5"   D. =2/5

48. 在 WPS 表格工作表中,系统对每个单元格都有默认的引用名称。以下不合法的单元格引用名称是( )。

  A. AB6   B. BB256   C. FM365   D. XY123

49. 在 WPS 表格工作表中已输入的数据如下所示:

	A	B	C	D	E
1	10		10%	＝＄A＄1＊C1	
2	20		20%		

如将 D1 单元格中的公式复制到 D2 单元格中,则 D2 单元格的值为( )。

  A. ＃＃＃＃＃ B. 2   C. 4   D. 1

50. 在WPS表格工作表的某单元格中输入"=5&3"后，该单元格将显示（　　）。
    A. 5&3　　　　　B. 8　　　　　C. 53　　　　　D. ♯VALUE!

51. 在WPS表格的Sheet1工作表中，B1单元格为"SHOUDU"，B2单元格为"经贸大学"，则公式"=SHOUDU&MID(B2,3,2)"的结果是（　　）。
    A. ♯NAME?　　　　　　　　　　B. ♯VALUE
    C. SHOUDU贸　　　　　　　　　D. SHOUDU大学

52. 在WPS表格规定可以使用的运算符中，没有（　　）运算符。
    A. 算术　　　　　B. 逻辑　　　　　C. 关系　　　　　D. 文本

53. 下列关于运算符的叙述中，（　　）是错误的。
    A. 算术运算符的优先级低于关系运算符
    B. 算术运算符的操作数与运算结果均为数值型数据
    C. 关系运算符的操作数可能是字符串或数值型数据
    D. 关系运算符的结果是TRUE或FALSE

54. 在WPS表格工作表中，A1单元格的内容为公式"=SUM(B2:D7)"，在用删除行的命令将第2行删除后，A1单元格的公式将调整为（　　）。
    A. =SUM(ERR)　　　　　　　　B. =SUM(B3:D7)
    C. =SUM(B2:D6)　　　　　　　D. ♯VALUE!

55. 用公式输入法在WPS表格工作表的单元格区域A1:A25中输入起始值1，公差为2的等差数列。其操作如下：先在A1单元格中输入数字1，然后在A2单元格中输入公式（　　），最后将该公式向下复制到A2:A25中。
    A. =A1-2　　　B. =2-A1　　　C. =A1+2　　　D. =A1+2

56. 设当前工作表的单元格区域A1:B5中的数值之和是100，且该区域已命名为AAA；而单元格区域C1:D5中的数值之和是200，但该区域未命名。此时，若在单元格C10中输入公式"=SUM(AAA)"，然后再将此公式复制到单元格E10，则单元格E10显示的结果是（　　）。
    A. 100　　　　　B. 200　　　　　C. ♯NAME?　　　　　D. ♯VALUE!

57. 在WPS表格中，选中两个单元格后使这两个单元格合并成一个单元格，正确的操作应该是（　　）。
    A. 使用"开始"→"绘图边框"按钮组中的橡皮，擦除两单元格中的竖线
    B. 使用"页面布局"选项卡中的相关选项
    C. 使用"开始"→"合并居中"命令中，选择相应选项
    D. A、B、C均可

58. 在WPS表格中，下列有关日期数据的叙述中，正确的是（　　）。
    A. 必须以"月/日/年"的格式表示日期
    B. 日期数据或时间数据均可以进行加减运算
    C. 公式"=4/18/1990"可表示1990年4月18日
    D. 公式"=1990-4-18"可表示1990年4月18日

59. 在WPS表格的公式中,若要改变单元格地址的引用方式,则可按( )键。
   A. F1   B. F2   C. F4   D. Ctrl+F4

60. 在WPS表格的单元格内输入了公式"=销售表!A6",其中"销售表"是指( )。
   A. 工作簿   B. 工作表   C. 单元格区域   D. 单元格

61. 在新创建的WPS表格文档的某个单元格中输入公式"=ABCD>abcd",其结果为( )。
   A. ♯NAME?   B. ♯VALUE!   C. TRUE   D. FALSE

62. 在下列WPS表格的函数中,参数设置正确的是( )。
   A. =SUM(A1 A5)   B. =SUM(B3,B7)
   C. =SUM(A1&A5)   D. =SUM(A10,B5;B10,28)

63. 下列几项:①文字、②数值、③函数、④单元格地址、⑤区域名称,可包含在WPS表格公式中的有( )。
   A. ①、②   B. ①、②、③
   C. ①、②、③、④   D. ①、②、③、④、⑤

64. 若WPS表格工作表A1单元格的内容是:"计算机网络基础",则公式"=MID(A1,3,2)"的结果是( )。
   A. ♯NAME?   B. ♯N/A   C. 机网   D. 以上都不对

65. 若在WPS表格工作表的A1单元格中输入公式"=ROUND(6.79,1)+12>18",则该单元格显示的结果是( )。
   A. TRUE   B. FALSE   C. ♯NAME?   D. ♯VALUE!

66. 要想在一个数据清单的A1:G15内只显示金融系考生的分数记录,应该使用"开始"选项卡中的( )命令。
   A. 排序   B. 筛选   C. 分类汇总   D. 分列

67. 在WPS表格中,选择"开始"→"自动筛选"菜单命令后,在清单上的( )出现了筛选器。
   A. 字段名处   B. 所有单元格内   C. 空白单元格内   D. 底部

68. 在WPS表格中,需要对不及格的成绩用醒目的方式表示(如加图案等)。应用最为方便的命令是( )。
   A. 查找   B. 条件格式   C. 数据筛选   D. 定位

69. 在WPS表格中对某列作升序排序后,该列上有空白单元格的行将( )。
   A. 放置在排序的数据清单最后   B. 放置在排序的数据清单最前
   C. 不排序   D. 保持原始次序

70. 在WPS表格中对某列作升序排序后,该列上有完全相同项的行将( )。
   A. 逆序排列   B. 保持原始次序   C. 重新排序   D. 排在最后

二、填空题

1. 在WPS表格中,工作表只能移动或复制到_____工作簿;工作簿文件的扩展名为_____。

2. 在WPS表格中,若只对单元格的部分内容进行修改,则可双击_____或单击_____。

3. 在WPS表格中,若将12345作为文本数据输入某单元格中,正确的输入方法是_____。

4. 在单元格中输入文本时,系统默认为水平方向靠_____对齐;输入数值数据时,默认为靠_____对齐。

5. 在单元格中输入公式时,必须以_____开头;如果把数字作为文字处理,除了可在数字前先输入_____外,还可以选择_____菜单下的_____命令,然后在弹出的对话框中作所需的设置。

6. 在WPS表格工作表中,被选中的单元格区域的四周会出现一个黑色的边框,该边框的右下角有一个黑色的小方块被称为_____。

7. 默认情况下,若在WPS表格的单元格中输入7/2按Enter键,该单元格的内容为_____;若输入(72)后按Enter键,该单元格的内容为_____。

8. 使用_____下拉菜单中的_____命令,可以设置隐藏或显示网格线、行标和列标。

9. WPS表格工作表的单元格中,允许同时包含_____、_____、_____、_____等信息。

10. 出现在WPS表格公式中的合法运算符可以分为4类,它们分别是:_____、_____、_____、_____。

11. 在WPS表格中,若A1单元格的格式被设置为00.000时,则输入数值702.99时,A1单元格中的结果为_____;若在A2单元格中输入数据＄12345并确认后,则A2单元格中的结果为_____。

12. 当工作表中的数据被组成一个数据清单后,就可以对这些数据进行_____、_____及_____等各种数据管理操作。

13. 数据清单是工作表中满足一定条件、包含相关数据的若干行数据区域。数据清单中的每一行数据称为一个_____,每一列称为一个_____,每一列的标题则称为_____。

14. 使用"自动筛选"功能筛选数据时,要求数据清单中必须有_____;要想对表格中的某一字段进行分类汇总,必须先对该字段进行_____操作,否则分类汇总的结果将会出现错误。

15. 在WPS表格中,工作表是由_____行和_____列组成;在WPS表格中最多可创建_____个工作表。

16. 在WPS表格中,"Sheet2!C2"中的Sheet2表示_____名。

17. WPS表格中,"条件格式"对话框是在_____菜单中。

18. 在WPS表格2000工作表中用于表示单元格的绝对引用的符号是_____。

三、简答题

1. 什么是工作簿？什么是工作表？两者之间有什么区别？

2. 什么是单元格？在单元格中可以输入哪些数据？单元格中允许同时包含哪些信息？如何隐藏单元格中的数据？

3. 在WPS表格中，行、列或单元格的删除与清除如何操作？删除与清除有何不同？

4. 如何在WPS表格的公式中输入函数？如何在公式中引用其他工作表或工作簿中的单元格或区域？

5. 什么是单元格或区域的相对引用、绝对引用和混合引用？它们在公式移动和复制时有什么不同？

6. 数据筛选有哪几种方法？每种方法如何实现？

7. 对数据清单中的数据进行排序时，什么是"主关键字"和"次关键字"？如何实现三个字段以上关键字的排序？

8. 如何创建一个数据透视表，请自行设计一个工作表，并用该工作表创建一个数据透视表。

6.2 参 考 答 案

一、单选题

1. D	2. A	3. D	4. A	5. A
6. A	7. C	8. B	9. A	10. D
11. A	12. C	13. A	14. B	15. A
16. C	17. D	18. B	19. B	20. A
21. A	22. C	23. A	24. B	25. A
26. A	27. B	28. B	29. A	30. A
31. A	32. C	33. B	34. A	35. D
36. D	37. D	38. AC	39. A	40. C
41. D	42. B	43. C	44. B	45. A
46. C	47. D	48. D	49. B	50. C
51. A	52. B	53. A	54. C	55. C
56. A	57. C	58. B	59. C	60. B
61. A	62. D	63. D	64. C	65. A
66. B	67. A	68. B	69. A	70. B

二、填空题

1. 打开的 .xls
2. 单元格 编辑栏
3. '12345
4. 左 右
5. = 前导符' 格式 单元格
6. 填充柄
7. 7月2日 -72
8. 工具 选项
9. 数据 格式 批注 公式
10. 算术运算符 文本运算符 关系运算符 引用运算符
11. 702.990 $12,345
12. 排序 筛选 分类汇总
13. 记录 字段 字段名
14. 列标题(字段名) 排序
15. 65536 256 255
16. 工作表
17. 格式
18. $

参 考 文 献

[1] 段玲,康贤,王俊,等. 计算机应用基础. 西安:西安地图出版社,2006.
[2] 徐红云. 大学计算机基础教程. 北京:清华大学出版社,2007.
[3] 卢湘鸿. 计算机应用教程. 第5版. 北京:清华大学出版社,2007.
[4] 陈光华. 计算机组成原理. 北京:机械工业出版社,2006.
[5] 张晨曦,王志英,沈立,等. 计算机系统结构教程. 北京:清华大学出版社,2009.
[6] 林福宗. 多媒体技术基础. 第3版. 北京:清华大学出版社,2009.
[7] 潘爱民. 计算机网络. 第4版. 北京:清华大学出版社,2004.
[8] Windows XP 主页. http://windows.microsoft.com/zh-CN/windows/products/windows-xp.
[9] WPS Office 网站主页. http://www.wps.cn.
[10] 百度百科网站主页. http://baike.baidu.com.
[11] 维基百科网站主页. http://www.wikipedia.org.
[12] 万维网联盟网站主页. http://www.w3c.org.
[13] FileZilla 计划主页. http://filezilla-project.org.